高等教育艺术设计系列教材

U0211957

环境艺术设计透视与表现

刘雅培 李剑敏 编 著

清华大学出版社
北京

内 容 简 介

本书内容共分 6 章，分别介绍了设计透视学的基础知识、平行透视的作图方法与应用、成角透视的作图方法与应用、斜面透视与倾斜透视、曲线与圆形的透视、阴影与反影透视。作者将原本复杂、难理解的透视原理由浅入深地进行讲解，并以图示的方式详细阐述了透视设计的制图步骤与应用。通过学习本课程，不但可以掌握环境艺术设计科学性与艺术性相结合的原理，更能有效地提升设计师快速、生动、正确地表达设计概念的能力，增强他们在草图设计及表现时的信心，以便创作出具有创新意义的作品。

本书内容丰富，理论结合图例进行知识点的剖析，条理清晰。适用于本、专科院校艺术设计类专业一、二年级的学生使用。

图书在版编目（CIP）数据

环境艺术设计透视与表现/刘雅培，李剑敏编著. --北京：清华大学出版社，2014（2024.5 重印）

高等教育艺术设计精编教材

ISBN 978-7-302-34653-1

Ⅰ. ①环…　Ⅱ. ①刘…②李…　Ⅲ. ①环境设计－高等学校－教材　Ⅳ. ①TU-856

中国版本图书馆 CIP 数据核字（2013）第 290909 号

责任编辑：张龙卿
封面设计：徐日强
责任校对：袁　芳
责任印制：宋　林

出版发行：清华大学出版社
　　　　　网　　　址：https：//www.tup.com.cn，https：//www.wqxuetang.com
　　　　　地　　　址：北京清华大学学研大厦 A 座　　　　　邮　　编：100084
　　　　　社 总 机：010-83470000　　　　　邮　　购：010-62786544
　　　　　投稿与读者服务：010-62776969，c-service@tup.tsinghua.edu.cn
　　　　　质量反馈：010-62772015，zhiliang@tup.tsinghua.edu.cn
　　　　　课件下载：https：//www.tup.com.cn，010-62795954
印 装 者：三河市龙大印装有限公司
经　　销：全国新华书店
开　　本：210mm×285mm　　印　张：6　　　　字　　数：170 千字
版　　次：2014 年 1 月第 1 版　　　　印　　次：2024 年 5 月第 4 次印刷
印　　数：3801～4600
定　　价：39.00 元

产品编号：056947-01

前　言

高校教育着重培养研究型与应用型的人才,特别是高职高专院校,十分注重以集职业性、实践性、开放性为一体的工学结合的教学理念。目前很多教材难以满足这方面的教学需求,大多仍以理论教学为主,教学内容、教学方法与市场人才需求脱节。因此,构建出符合我国高职艺术教育规律的全新教学体系,以职业能力培养为核心,注重创新能力的培养,强化实际操作技能的训练,是本书关注的重点。

"环境艺术设计透视与表现"是环境艺术设计专业十分重要的专业技能基础课,特别是对于环境艺术设计专业的学生来说,学透视学的目的就是要培养自己的观察能力、造型能力、空间想象能力和表现力,要将科学性与艺术性相结合,才能有效地提升设计师快速、生动、正确地表达设计概念的能力,增强他们在草图设计及表现时的信心,规范设计制图。本书中理论教学以"够用"为度,要求教学内容结构清晰、由浅入深,并配有精选的典型图例,同时对绘制步骤进行细致分析,方便学生课堂及课后的学习及应用,使学生学习本课程后不产生畏学情绪,并能快速明白设计透视原理。

本书共分六章,第一章为设计透视学的基础知识,主要介绍了中西方透视学的发展、透视基本类型、设计透视的分类、基本特征;第二章为平行透视的作图方法与应用,主要介绍了平行透视的概念、平行透视的作图法、室内外空间平行透视图的绘制及应用;第三章为成角透视的作图方法与应用,主要介绍了成角透视的概念、成角透视的作图法、室内外空间成角透视图的绘制及应用;第四章介绍了斜面透视与倾斜透视,涉及相关概念与作图方法;第五章介绍了曲线与圆形的透视,涉及基本概念、作图方法与应用;第六章介绍了阴影与反影透视,将日光、灯光及水中与镜面的透视现象作了讲解和分析。

本书不但立足于本科和高职艺术设计专业教学实际,还力求最大限度地提高学习者的理论水平与实践能力。内容安排遵循学习规律,首先让学生了解一定的透视基础知识,将一些重要的概念进行细致介绍,并通过图例进行说明。在绘图方面按实际步骤讲解,使学习者能逐步掌握规范的透视方法,并将透视原理内容应用到实际设计图纸上,将理论与现实中的设计方案相结合了起来,从而提高学生的动脑及动手能力。本书具有内容全面系统、实用性强、可操作性强、通俗易懂的特色。

本书由福州软件职业技术学院数字媒体设计系专业教师刘雅培、李剑敏老师编写。同时许珊珊、杨珊妮、蔡程程、杨培娜四位同学提供了部分设计图,在此表示感谢。

由于编者学术水平有限,教材中如有不足之处,敬请广大读者和业内外人士提出宝贵意见和建议,以便进一步改正与完善!

编　者

2013 年 8 月

目　录

第一章　设计透视学的基础知识

第一节　透视学发展过程简介 ······················· 1
　　一、西方透视学的发展过程 ······················· 1
　　二、中国传统透视学（远近法）的发展过程 ······················· 6
第二节　透视的基础知识 ······················· 9
第三节　透视的基本类型 ······················· 11
　　一、透视的类型 ······················· 11
　　二、设计透视的分类 ······················· 12
　　三、透视的基本特征 ······················· 15
　　四、透视图中的构图要素及要点 ······················· 15

第二章　平行透视的作图方法与应用

第一节　平行透视的概念 ······················· 19
第二节　平行透视的作图法 ······················· 20
第三节　室内外空间平行透视图的绘制及应用 ······················· 26
　　一、室内空间平行透视的概念 ······················· 26
　　二、绘图方法 ······················· 26
　　三、室内空间平行透视应用案例 ······················· 30
　　四、景观设计平行透视应用案例 ······················· 33

第三章　成角透视的作图方法与应用

第一节　成角透视的概念 ······················· 37
第二节　成角透视的作图法 ······················· 38
第三节　室内外空间成角透视图的绘制及应用 ······················· 40
　　一、室内空间成角透视的概念 ······················· 40
　　二、绘图方法 ······················· 41
　　三、室内空间成角透视应用案例 ······················· 44
　　四、景观设计成角透视应用案例 ······················· 48

环境艺术设计透视与表现

第四章　斜面透视与倾斜透视

第一节　斜面透视·· 50

一、斜面透视的概念 ·· 50

二、斜面透视的作图法 ··· 53

第二节　倾斜透视·· 56

一、倾斜透视的概念 ·· 56

二、倾斜透视的作图法 ··· 56

第五章　曲线与圆形的透视

第一节　平面曲线与圆的透视······························· 63

一、曲线透视 ·· 63

二、圆的透视 ·· 64

第二节　曲面立体的透视······································ 67

一、曲面立体的概念 ·· 67

二、曲面立体的作图法 ··· 67

三、曲线与圆在环境艺术设计中的应用 ···················· 72

第六章　阴影与反影透视

第一节　阴影透视·· 77

一、阴影的概念 ··· 78

二、日光阴影透视 ·· 78

三、灯光阴影透视 ·· 82

第二节　反影透视·· 83

一、反影透视简述 ·· 83

二、水中倒影 ·· 83

三、镜面反影 ·· 85

参考文献

环境艺术设计透视与表现

第一章
设计透视学的基础知识

本章要点：

1. 透视学发展简介；

2. 透视的基础知识；

3. 透视的基本类型。

重点掌握： 透视学的概念、透视的基本术语、透视的特征及基本类型。

第一节　透视学发展过程简介

一、西方透视学的发展过程

透视学伴随着绘画、雕塑、建筑及各类设计艺术和科学发展而逐渐形成自己独特的理论体系。中西方早期的原始壁画、岩画、彩陶等通过人物、动物、植物的上下左右安排、重叠遮挡、排列、大小等形式有意无意地表现着主题、主次、物体的层次感和空间感。

1. 文艺复兴时期之前

原始时期：在岩画和洞窟画（图 1-1）上，原始人朦胧地通过上下错位排列、大小刻画等手法把一些表示距离远近的关系反映出来。

✦ 图　1-1

古埃及时期：古埃及人在一些湿壁画上往往是用人物横向并列序排的手法来表现人物的前后关系，如图 1-2 所示。

古希腊时期：古希腊人在绘画中也采用类似于古埃及人表现前后关系的手法，并且西方透视的研究最早源自于古希腊，主要内容涉及灭点透视法和缩短法。图 1-3 所示为古希腊的《黑绘式安法拉》。

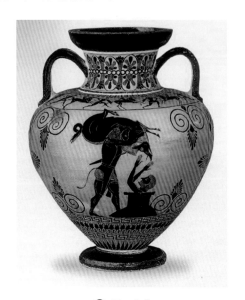

↑ 图　1-2

↑ 图　1-3

古罗马时期：古罗马建筑师维特鲁威在他的《建筑十书》中就谈及了大量的有关建筑透视的原理和内容，并且在一些壁画中开始广泛运用这一手法。

2．文艺复兴时期

文艺复兴时期的意大利处于透视学的发展期，当时出现了一大批艺术家，使得透视得到了极大地完善，透视也以一门独立的学科出现在绘画领域中。在画家乔托创作的壁画《逃亡埃及》（图 1-4）中就反映了中世纪旧艺术的公式化象征手法，并运用了初步的写实技巧和透视方法。

↑ 图　1-4

15 世纪意大利画家、建筑家、剧作家列昂·巴替斯塔·阿尔贝蒂认为,大自然是艺术创作的源泉,数学是认识自然的钥匙。他于 1435 年写的《绘画论》的理论部分就专门叙述绘画的数学基础——透视学,并创造了透视网格法即"正视地砖法"。

文艺复兴极盛时期,意大利著名画家、工程师、自然科学家达·芬奇在研究了前人经验的基础上,通过自己的观察与研究实践写出了《论绘画》,将解剖、透视、明暗和构图等知识整理成了系统的理论,他的代表作《最后的晚餐》就是巧妙运用透视规律突出画中主体人物的典范作品（图 1-5）。

✛ 图　1-5

15 世纪末至 16 世纪初,德国宗教改革运动时期的油画家、版画家、雕塑家和建筑师丢勒把几何学运用到造型艺术中,使透视学获得了理论上的发展。此外,意大利著名画家、建筑师拉斐尔创作的《雅典学院》（图 1-6）,就是运用了透视规律与技法,并以古希腊哲学家柏拉图所建的雅典学院为题,以古代七种自由艺术,即语法、修辞、逻辑、数学、几何、音乐、天文为基础,以便表彰人类对智慧和真理的追求。画面以纵深展开的高大建筑拱门为背景,将不同时代、不同地域和不同学派的著名学者生动地表现了出来。

✛ 图　1-6

3．17世纪至18世纪

在经历了文艺复兴时期的发展以后，到了17世纪至18世纪，透视已跨入了成熟期，我们目前所使用的各种透视规则及画法在这一个时期基本已完备了，这标志着透视学开始走向了成熟。法国人沙葛在《透视学》一书中介绍了几何形体作图法则。17世纪以后，透视学已包含了成角透视、倾斜透视、曲线透视、阴影透视和反影透视等整个透视学体系。18世纪，英国数学家泰勒的《论线透视》一书中有较完整的透视图法和原理的介绍。我国第一部关于西方透视学的著作是清代年希尧和意大利画家郎世宁合编的《视学》。18世纪的代表人物——英国数学家布鲁克·泰勒在他的两部著作《论线透视》和《论线透视新法则》中把涉及定点透视与投影几何画法中所有原理和作图法均写入其中，这两部著作是透视学发展史上具有划时代意义的里程碑式巨作。这一时期运用透视法的代表作品有西班牙委拉斯贵支的《宫女们》（图1-7）、法国尼古拉斯·普桑的《抢劫萨宾妇女》（图1-8）。

↑ 图　1-7

↑ 图　1-8

4．19 世纪

如果把透视学比喻成引领西方绘画逐渐走向辉煌的主要基石，那么到了 19 世纪，这块基石开始松动了。反透视现象开始出现，它伴随着 19 世纪新古典主义画派的兴起而形成。具体表现在通过削减画面的深度来突出画中的人物，进而达到那种古典浮雕的变体效果。代表作品为法国大卫的《苏格拉底之死》（图 1-9）。

◆ 图　1-9

5．20 世纪

到了 20 世纪，传统意义上的透视学在绘画中的统治地位进一步受到削弱。主观意识的介入以及意象化的空间表现，颠覆了传统透视的原有模式和形象。传统意义上的透视已不为人们所关注，取而代之的是大量组合透视、无透视、变形透视、幻觉透视，极大地丰富了绘画的表述空间，从而在绘画的内容和形式上得到了拓展。代表作品为法国杜尚创作的《下楼梯的裸女》（图 1-10）、俄国马克·夏加尔的《我与村庄》（图 1-11）。

◆ 图　1-10

◆ 图　1-11

二、中国传统透视学（远近法）的发展过程

1．中国透视学（远近法）又称为"散点透视"

散点透视是远近法的生动体现，是相对于西方焦点透视而言的专用名词。它有别于西方焦点透视中视点视域固定于一点的定式，采用了移动的多视域的观察模式，多方位多角度地观察对象，按照传统绘画的审美心理需要自由地经营画面，以实现理想的审美需要。

2．六远法：高远、深远、平远、迷远、阔远、悠远

高远——指从山下往山上看。低视点，远距离观察。图1-12所示的《溪山行旅图》（宋，范宽）体现了高远的特点。

深远——指从山前看山。高视点，远距离全方位观察。图1-13所示的《天池石壁图》（元，黄公望）体现了深远的特点。

❶ 图 1-12

❶ 图 1-13

平远——指从近山望远山。平视，远距离观察。图1-14所示的《平远图》（宋，郭熙）体现了平远的特点。

迷远——指因烟雾与流水阻隔造成景物若隐若现的空间关系。图1-15所示的《烟江欲雨图》（宋，林庵）体现了迷远的特点。

阔远——泛指从近岸隔着宽阔的水面通向远处。平视，远距离观察。图1-16所示的《夏景山口待渡图》（局部）（五代，董源）体现了阔远的特点。

悠远——泛指因缥缈而导致景物的距离显得遥远。图 1-17 所示的《芦汀密雪图卷》（局部）（宋，梁师闵）体现了悠远的特点。

⬆ 图　1-14

⬆ 图　1-15

⬆ 图　1-16

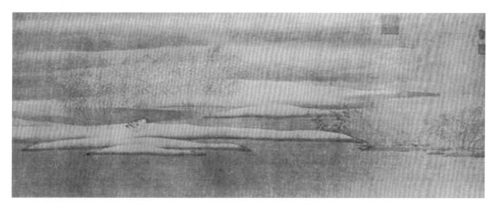

⬆ 图　1-17

3．传统人物画中的一些透视特点

（1）不管人物在画面中所处前后、高低、位置如何，个体人物一般以平视透视特征出现，无俯视透视变化现象。图 1-18 所示为《清明上河图》（宋，张择端）。

图 1-18

（2）一般情况下，人物前后"近大远小"可以忽略不计，不管人物身体各部位在画面中的姿态位置如何，均无近大远小的变化，甚至有"近小远大"的现象出现（人物大小按地位贵贱来划定）。图 1-19 所示为《韩熙载夜宴图》（五代，顾闳中）。

图 1-19

总体来说，传统的西方绘画以直观的真实为主，强调绘画的逼真性。透视被局限在一定的范围内，以正常的视域范围的一定场景为表现内容。而传统的中国山水画则以主观的写意为主，强调神似，重意向。透视多为远视距，往往超越正常视域，空间和容量要比传统西方绘画大一些。

第二节 透视的基础知识

1．什么是透视

"透视"一词来自拉丁文 perspicere,意为"透而视之"。我们在现实生活中只要睁开眼睛就可以看到环境和物体的大小、形状、结构、色彩等。由于距离不同、方位不同,在我们的视觉上会引起不同的反应,这种现象就是透视现象。透视是一种运用理性观察方法并研究视觉画面空间的专业术语。

人通过特定画面观察物体,在这个透明画面中所展示的平面图像就是视觉所感受到的物体的特征,这种通过画面观察物体的方法称为透视。例如在写生中观察景物时,常用取景框来取景构图;又如以室内透过玻璃窗看室外的风景;或在汽车车厢里看窗外或街景,都是通过透明的平面看物体,这都是透视的实际应用。

2．透视学

透视学主要研究眼睛与物体间的关系,是运用几何科学与艺术相结合的方法,在有限距离观察景物所产生投影现象的原理和规律并加以分析研究的一门独立学科。它能够帮助画者用各种透视原理和规律,准确地在二维平面上表现出三维物体,使其具有立体感、纵深感、空间感,从而创作出近大远小、符合视觉规律的图画。它是人们在绘画艺术实践中长期经验积累和理性探索的结果。

3．透视图

透视图是指画者运用透视原理和几何原理,并运用绘画工具如铅笔、尺、圆规等工具,将透视投影图画在二维平面的纸上,是透视研究和学生学习时做作业完成的图。当然现在不少设计公司也用计算机软件制作透视图。

4．透视的形成原理

透视是一种推理性观察方法,它把眼睛作为一个投射点,依靠光学中眼与物体间的直线进行视线传递,也就是在眼睛与物体中间设立一个平而透明的截面,在一定范围内切割各条视线,并在平面上留下视线穿透点,穿透点的连接,就勾画出了三维空间的物体在平面上的投影成像——透视图。在透视理论上这个成像表示眼睛通过透明平面对自然空间的观察所得到的视觉空间形象。成像具有立体空间感。

在理论上研究透视的方法,是先固定眼睛的位置,取一透明平面设在眼睛与物体间,使透明平面与视向(眼睛看的中心方向)垂直,透过此面而视物体。把眼睛的位置称为视点,透明平面称为透视画面,在透明平面截取的可视范围称为取景框,眼睛到透明平面的垂直距离称为视距。中心投影在透明平面上被视物体的图形称为透视图(图1-20)。

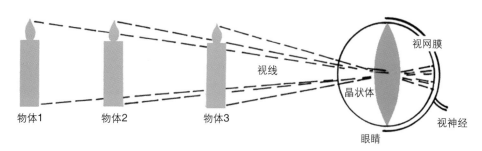

✿ 图 1-20

5．绘画、设计与透视的关系

绘画、设计是一种视觉艺术，是画家和设计艺术家对物象的一种视觉心理的反应和再现。透视学研究的是眼睛、画幅、物体之间的相互关系。科学透视学的作图法丰富和充实了绘画、设计艺术，并表现物象立体感、空间感、真实感的艺术效果，是绘画、设计用二维平面表现三维立体艺术作品的最佳方法。

6．学透视学的意义和目的

透视效果图是一种将三维空间的形体转换成具有立体感的二维空间画面的绘画技法。掌握基本的透视制图法则，是绘制透视效果图的基础。透视学是视觉领域中美术、设计技法理论与从事视觉领域的艺术家和工作者的必修课。西方艺术院校早就将透视学象色彩学、解剖学一样作为单独科目进行教学和研究。

设计通常要借用对立体景物较为真实的描绘来表达和诠释设计师的目的与想法。透视是设计师必备的技能之一。透视学可运用到如绘画、雕塑、摄影、建筑效果设计、环境艺术设计、工业产品设计、广告设计、海报设计、包装设计、动漫创作、影视创作、三维多媒体创作等一切视觉领域。学习透视学的目的就是要培养自己的观察能力、造型能力、空间想象能力和表现力。掌握了透视学科学性与艺术性相结合的原理，能有效地提升设计师快速、生动、正确地表达设计概念的能力，增强在设计草图及表现时的信心，以便创作出具有创新意义的作品。

7．透视的基本术语（图 1-21）

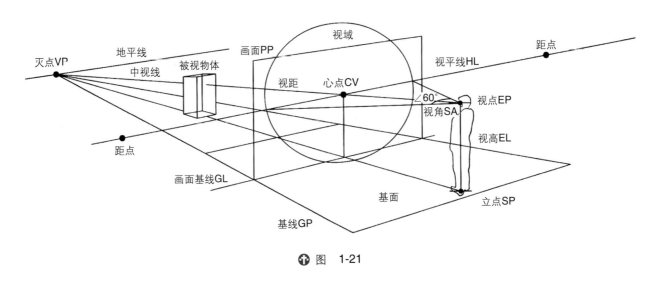

♠ 图 1-21

（1）视点 EP：视者观察物体时眼睛的位置。

（2）视高 EL：视点到立点的垂直距离。

（3）视角 SA：任意两条视线与视点构成的夹角。绘画时采用的视角一般不超过 60°，当视角过大时，透视图会产生变形。

（4）视域：指固定视点所能见到的空间范围。绘画时通常采用 60° 以内的视域作画。60° 视角前后的视域称为舒适视域。

（5）视距：视点到心点的垂直距离。

（6）画面基线 GL：画面与基面的交接线。

（7）立点 SP：视者站立的位置，亦称足点、站点。

（8）画面 PP：人与物体间的假想面，或称垂直投影面。

（9）视平线 HL：过心点所作的水平线，眼睛的高度线（一般为 1.5m），或在画面上眼睛所在高度的水平基准线。

（10）心点 CV：中视线与画面的垂直交点，又称主点、视心点。

（11）灭点 VP：与视平线同高，物体平行边在无穷远处交会集中的点。

（12）中视线：视点到画面的垂直连线，是视域圆锥的中轴线，又叫视中线、中视线、视轴。

（13）地平线：平原上看到的天空与地面的交接线。投影在透视画面上与视平线重合。

（14）距点：以心点为圆心、视距长为半径作圆，称作视距圆，圆上的任意一点都可以称为距点。常用到的是视距圆与视平线的两个交点，是所有平行于地面、与画面成 45° 的平行直线的灭点。

（15）基面：承载物体的平面，如地面、桌面等，基面与画面互相垂直，当人站在地面平视看景时，基面即地面。

（16）基线 GP：画面与基面的交线。

8．透视学三要素

透视学是研究如何把看到的立体景物转换成平面的透视图，即研究在平面上进行立体造型的学科。透视中有必不可少的三个要素。

（1）眼睛是透视的主体，是眼睛对物体观察构成透视的主观条件。

（2）物体是透视的客体，是构成透视图形的客观依据。

（3）画面是透视的媒介，是构成透视图形的载体。

在艺术设计中，所有的设计图都是依据设计师的构想来完成的。尽管没有实物，只要掌握了构成透视图的基本规律，通过透视的三要素关系，就能把我们构想的物体形象逼真地描绘出来。通常把这种想象出来的透视图称为“设计效果图”。

第三节 透视的基本类型

一、透视的类型

早在文艺复兴时期，意大利著名画家达·芬奇就将透视分为三种，分别是：大气透视、消逝透视、线透视。

（1）大气透视（又名色彩透视）：是指物体由于受大气或空气的阻隔造成色彩冷暖变化进而影响到物体深度变化的现象。图 1-22 和图 1-23 所示分别为《古罗马》（英，威廉·透纳）和《月光下的煤港》。

（2）消逝透视：是指物体由于受距离的增加而造成明暗对比和清晰度减弱的现象（图 1-24）。

（3）线透视（线性透视）：是指 14 世纪文艺复兴以来逐步确立的描绘物体、再现空间的线性透视学透视的方法和其他科学透视的方法，是绘画者要求理性解释世界的产物。在一定的空间范围内向远处延伸的平行线，会随着距离的推远越聚越拢并最终集于一点的现象，称之为直线透视，如图 1-25 所示。其特点有：

① 传真性——客观传达设计者所诉求的创意。

② 说明性——在形态、结构、材质、量感、色彩、凹凸光影上达到高度的说明目的。

③ 广泛性——可让未曾受过专业训练的人一目了然。

④ 启发性——能使人想象出该设计的未来景观，进而了解设计者的构想与做法。

❶ 图 1-22

❶ 图 1-23

❶ 图 1-24

❶ 图 1-25

二、设计透视的分类

在研究设计透视时，主要从视向和物体位置两个方面加以考虑。不同的视向和物体与画面的位置关系产生了不同的设计透视图类型。

1. 以视向划分透视类型

视向是指观察者观察物体的视线方向，也是视心线方向，因此视向始终与画面呈现垂直方向。在一幅透视图中，只能确定一个视向。视向可以分为平视、俯视和仰视，由此产生平视透视、俯视透视和仰视透视。

（1）平视透视：视心线平行于基面，与画面垂直。如以视心线作一个与基面平行的面（视平面）与画面相交，其交线为视平线。视平线的高度与观察者的眼睛（视点 S）高度一致。在视平线上，主点和心点重合（图 1-26）。

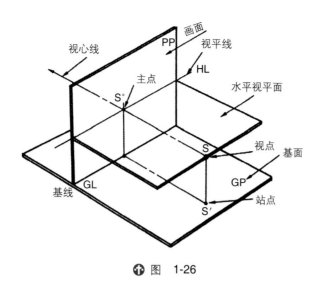

⊕ 图　1-26

（2）俯视透视：视心线与基面倾斜且呈近高远低。此时,画面向后倾斜于基面（图1-27）。当视心线垂直于基面时,画面平行于基面,成为正俯视图（图1-28）。

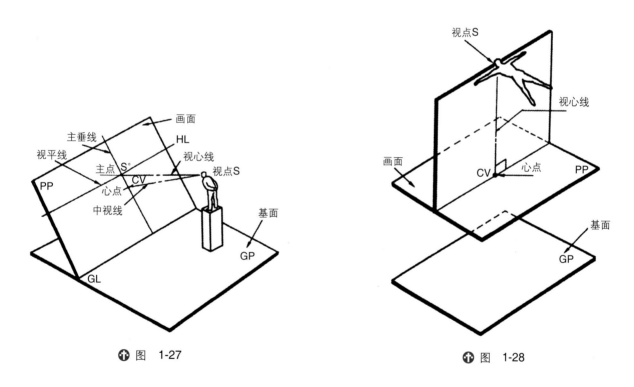

⊕ 图　1-27　　　　　　　　　　　　　　　　⊕ 图　1-28

（3）仰视透视：视心线与基面倾斜且呈近低远高。此时,画面向前倾斜（图1-29）。如果视心线与基面垂直时,画面平行于基面,成为正仰视图（图1-30）。

2．以物体与画面位置划分透视类型

从物体与画面的位置关系考虑,可分为一点透视（平行透视）、两点透视（成角透视）、三点透视（倾斜透视）这三种不同的类型。

（1）一点透视：如图1-31所示。任何物体都有长、宽、高三组重要的棱线和由棱线组成的各个平面。只要满足离画面最近的一个面与画面平行,其中与画面垂直的一组平行线必然只有一个主向灭点,在这种状态下形成的透视为平行透视。由于在平行透视中只有垂直于画面的棱线有灭点（以方体为例），并只有一个消失点，因此平行透视也称为一点透视。

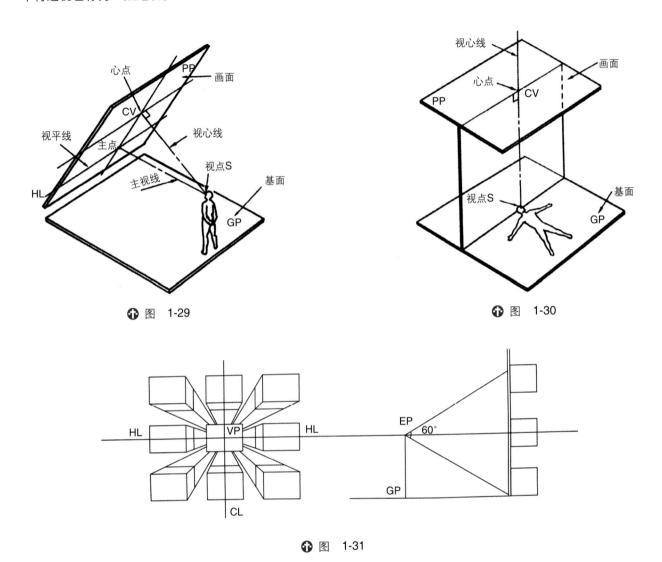

⊕ 图 1-29　　　　　　　　　　⊕ 图 1-30

⊕ 图 1-31

（2）两点透视：如图 1-32 所示，以方体为例。如果方体有一角与画面最近，形成方体直角的两对垂直面必然与画面呈一定的角度，且这两对角相加为 90°，在这种状态下形成的透视图为成角透视。在平视中，由于成角透视中所有平行于基面的线都会消失在左右两个消失点，故成角透视也称为两点透视。在透视图中，如果方体两垂直面与画面形成的两夹角分别是 45°，则消失在视平线上的两个消失点称为距点（两距点到视点、主点的距离相等）。除此之外，成角透视中在视平线上的消失点都称为余点。

（3）三点透视：三点透视就是有三个消失点。当视心线向上或向下倾斜基面时，方体在成角透视的情况下会呈现出三个消失点。在三点透视中，成角透视呈俯视情况时，呈现出的透视图叫做成角斜俯视，成角透视呈仰视情况时叫做成角斜仰视（图 1-33）。

根据透视从视向和物体与画面相对位置两个因素去考虑，可得出以下分类。

（1）平视时出现两种情况：平行透视（一点透视）、成角透视（两点透视）。

（2）俯视时出现三种情况：正俯视（一点透视）、平行斜俯视（两点透视）、成角斜俯视（三点透视）。

（3）仰视时出现三种情况：正仰视（一点透视）、平行斜仰视（两点透视）、成角斜仰视（三点透视）。

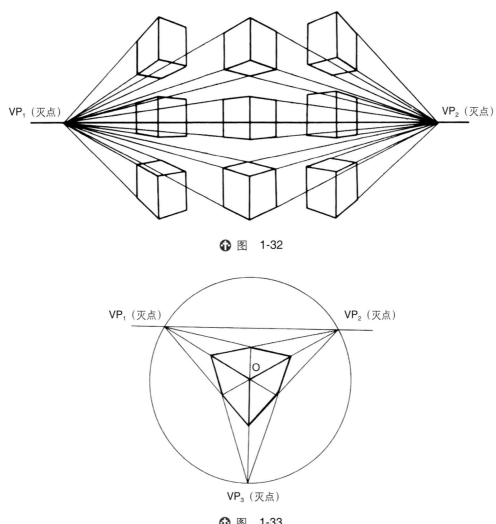

⊕ 图 1-32

⊕ 图 1-33

三、透视的基本特征

构成透视图的等大小的物体,分别有近大远小、近宽远窄、近高远低、近实远虚的基本特征。掌握透视的基本规律和特征,可以帮助我们快而准地画好透视图,更好地理解远近虚实对比的空间感,增强表现空间透视的能力,使我们设计的效果图更具艺术魅力。

四、透视图中的构图要素及要点

在设计透视图之前,要抓住表现对象的重点,选择好视点、画面与对象物体的相对位置,清楚地表达好构思,以便获得良好的透视效果,应考虑好以下几点。

（1）视点的选择

视点的选择包括两方面:一是立点（站点）;二是视高。

① 立点的选择

立点的选择应充分考虑空间与对象的物体特征,有重点、有主次地进行选择。如图 1-34 所示室内空间平行透视中站点分别是向左偏移、中间偏移、向右偏移,所产生的视觉效果各不同。

② 视高的选择

按照人的平均高度,我们通常将视高定为 1.5 ~ 1.7 米,按此高度绘制的透视图与正常的视觉一致。但有时为取得某种特殊的效果,可根据设计意图适当增加或者降低视高。如为表现空间水平及竖向设计的丰富层次,可适当提高视平线;为取得空间的雄伟感,可降低视平线。图 1-35 所示站点不变,随着视高的变换,可产生不同的透视效果。

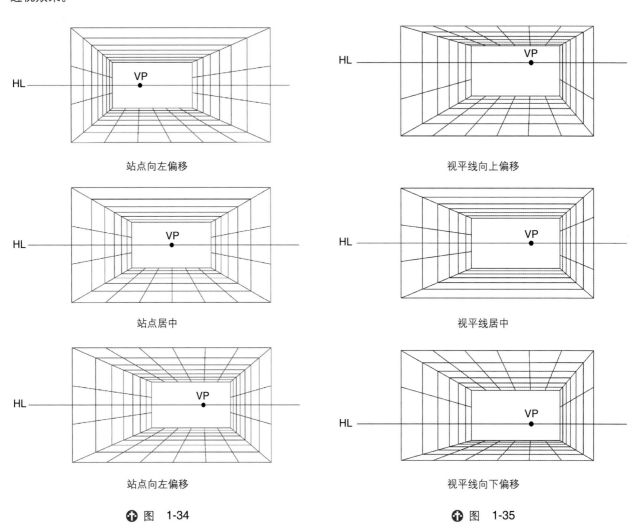

站点向左偏移   视平线向上偏移

站点居中   视平线居中

站点向左偏移   视平线向下偏移

✿ 图 1-34   ✿ 图 1-35

（2）视距

视距是指视点到画面的垂直距离。以图 1-36 为例,当站点位于 SP_1 时,与观察物距离近,水平视角就大;当站点位于 SP_2 时,与观察物距离较远些,透视图像舒展,效果较佳。可见视距对透视效果的影响之大。

（3）视角与视域

当我们观察物体时,形成一个以眼睛为顶点、视线中心为轴线的锥体。锥体的顶角就为视角,锥体与画面相交所得到的封闭圆形区域就称为视域,观察到的物体在视域范围内只有部分是清晰的。如图 1-37 和图 1-38 所示,一般情况下视角常控制在 60°内,超过 90°则画面失真。

（4）画面与对象物体相对的位置

视点与对象物体的位置不变,画面作平行的前后移动,其结果是透视图的放大与缩小的变化。如图 1-39

所示,画面位于基线 GP_1 时,透视图是放大的；当处于物体的前面,如位于基线 GP_3 时,物体是呈缩小的图像。为方便作图,常把画面与对象物体平面的某一点或边线相交接触,如图位于 GP_2 时,这样反映的是真实的大小。

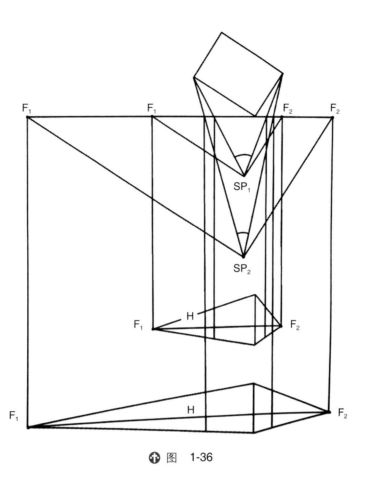

⊕ 图 1-36

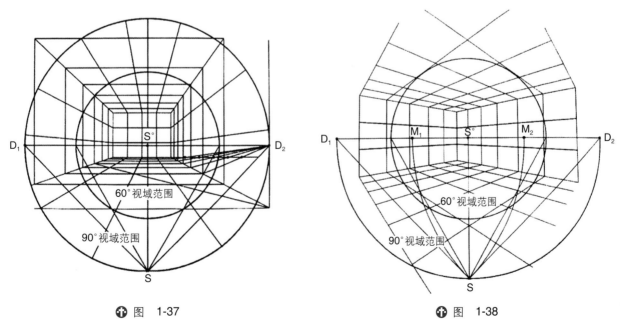

⊕ 图 1-37

⊕ 图 1-38

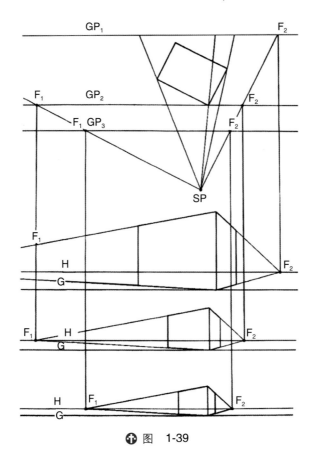

课后作业：

1. 熟悉透视学基本术语。

2. 以方体为例,绘制一点、两点及三点透视图例。

3. 阅读与收集相关透视学资料。

第二章
平行透视的作图方法与应用

本章要点：

1．平行透视的概念；

2．平行透视作图方法；

3．平行透视的应用。

重点掌握：平行透视作图方法、平行透视的应用。

第一节　平行透视的概念

在绘画与设计中,平行透视表现的范围非常广泛。一是因为它只有一个灭点,形成一个视觉中心,所以能较突出地表现主题形象；二是因为它能使画面产生平衡稳定之感,对称感和纵深感强,通常适于表现庄重、严肃的大场景或大场面题材,并为题材主题配景（图2-1）。但需要注意的是,如果视心点位置选择不好,容易使画面显得呆板。

↑图　2-1

1．平行透视的原理分析

在日常生活中我们接触到的物体，如建筑物、家具、车船等，不管它们的形状结构多么的复杂，都可以归纳到一个或者数个正平行六面体内。它们都具有长、宽、高三组主要方向的轮廓线，这些轮廓线与画面可能平行，也可能不平行。以立方体为例（图2-2）：立方体有一组面与画面平行，即为平行透视。平行透视只有一个灭点，即心点，所以又称为一点透视。

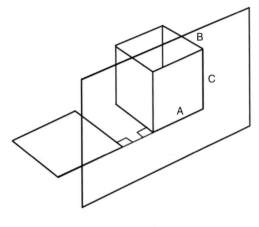

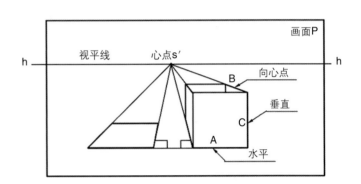

（a）平行透视的放置状态　　　　　　　　　　　（b）平行透视的透视状态

↑ 图　2-2

2．平行透视的特点

（1）只有一个灭点，即心点 s′。

（2）立方体平面的两对棱边中垂直原线 C 边和水平原线 A 边与画面平行。

（3）垂直于画面的直角水平线 B 边向心点消失。

（4）平行于画面 P 且与基面垂直的棱线 C 边的透视仍然为垂直的。

（5）平行于画面 P 又平行于基面的棱线 A 边的透视仍然为水平的。

第二节　平行透视的作图法

1．平行透视中正立方体的画法

示例一：

平行透视中正方体有一个由原线组成的可视的平行面，其透视形状不变；只有一种水平变线，而视域中心是它的灭点，并且位置永远不变，作图原理较为简单。

作透视图的实质就是如何表现各种线段在纵深关系中的距离和长度变化。在透视的纵深关系中，不同透视方向的线段有两类：一类是与画面成垂直关系的线段；另一类是与画面成倾斜关系的线段。平行透视图中，测定与画面垂直的线段透视长度可采用距点法。

所谓距点法，就是运用距点来测量的方法，即利用45°直角三角形原理，在平行透视图上来测量垂直于画面线段长度的画法。距点法又称测点法。距点用"D"表示，它到心点的距离和视点到心点的距离相等，位于视平线上心点的左侧和右侧。

正方体的作图步骤如下（图2-3）：

（1）定视点E、视平线HL、心点CV；画与画面平行的正方形ABCD；从ABCD四点分别引消失线至心点CV。

（2）延长CD线得E′点，CD=DE′；由E′点引线至距点D得F点，DF的长度就是正方形伸向远方的透视长（深）度。

（3）由F点作垂直、水平线分别与线B-CV、C-CV、A-CV相交，各点连接形成图形，即正方体的平行透视图。

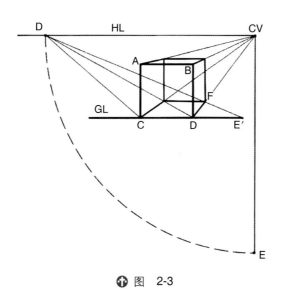

✿ 图　2-3

示例二（图2-4）：

已知线条AB、HL视平线、灭点VP，求正方体。

（1）从A、B点分别向上作垂线，得正方体的E、F点。

（2）从A、B、E、F点分别向VP点作消失线。

（3）离A-VP的距离约1.3倍，在HL视平线上定测点M。

（4）连接测点M与B点，得到正方形的进深线段AD，作平行于AB的平行线DC。

（5）从C、D点分别向上作垂线，该线与E、F点向VP点的消失线相交而得G、H点。

（6）DCGH便是正方体后面的进深面，将其各点连接，便得到正方体。

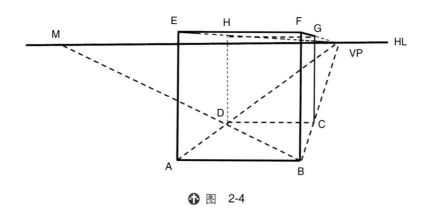

✿ 图　2-4

2．利用对角线等分已知透视矩形的画法（图2-5）

已知透视矩形ABCD,利用对角线将其等分为4等份。

步骤如下：

（1）作透视矩形ABCD的对角线,使之相交于点O。

（2）得到2等份的矩形ADFE与EFCB;用同样的方法继续等分已经等分好的两个透视矩形。

这样便可得到等分好的4等份透视矩形。要注意的是该方法只适用于双倍的等份数,如2、4、6、8、10等。

3．用平行变线分割透视线段（图2-6）

已知透视矩形ABCD,应用平行变线,等分其AB一边。

步骤如下：

（1）自A点引DC的平行线AE（AE＞AB）为量线并作3等份。

（2）自AE线的端点E引线向B点延长,与DC线交于F点。

（3）自AE线上各等分点向F点引线,交于AB线即得3等份。

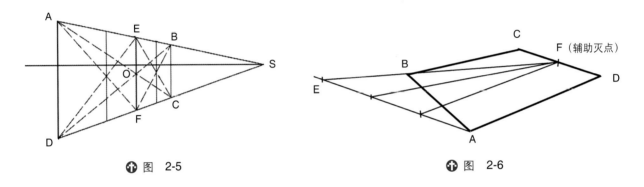

⬆ 图 2-5   ⬆ 图 2-6

4．用平行变线分割透视矩形（图2-7）

已知透视矩形ABCD,应用平行变线,将其等分为5等份。

步骤如下：

（1）自A点作水平线A5（A5＞AD）将其等分为5等份。

（2）端点5连接点D并进行延伸,交灭点的水平线于点G。

（3）将点1、2、3、4分别与点G相连接,交AD于各点,作连接BC的垂直线段,即得到透视矩形ABCD的5等份图。

5．矩形的连续延伸（图2-8）

已知透视矩形ABCD,求作等大的3个透视矩形。

步骤如下：

（1）延长AD与BC,并找出AB的中点1,连接1S与DC交于点2。

（2）连接A2并延长交点SB于点F,过F点作垂线EF,即作出等大的连续矩形EDCF。

（3）根据此方法,可以作出若干等大的连续矩形GEFH、IGHK。

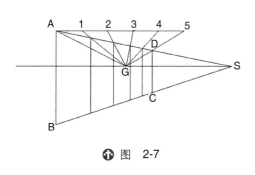

⬆ 图 2-7

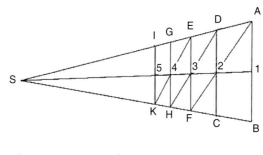

⬆ 图 2-8

6．利用辅助灭点作等矩形的连续延伸（图2-9）

已知透视矩形 ABCD，利用辅助灭点作等矩形的 3 个连续延伸的透视矩形。

步骤如下：

（1）延长 AD 与 BC，得出灭点 F，过 F 作垂直线段于上方定点 F_z（辅助灭点）。

（2）点 F_z 连接点 C 交 AF 于点 E，过 E 点作垂线交 BF 于点 J，得到等大连续矩形 EDCJ。

（3）根据此方法，可以作出若干等大的连续矩形 HEJI、KHIL。

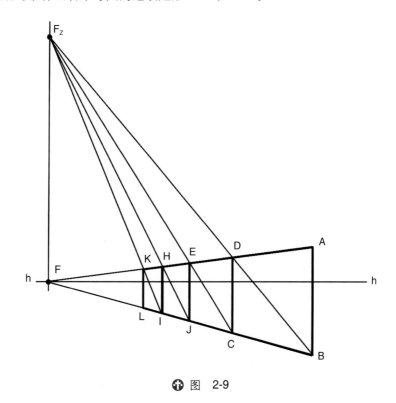

⬆ 图 2-9

7．平行变线分割构筑物（图2-10）

已知一构筑物，应用平行变线，将其等分为 7 等份，绘制出墙面造型。

步骤如下：

（1）延长 AB 与屋顶的边线找到灭点 s′，过 s′ 作视平线 h。

（2）过 A 点作任意长水平量线 AC（AC ＞ AB），并按比例作 7 等份。

（3）由水平量线端 C 点向矩形的顶点 B 引线并延长，与视平线相交得辅助灭点 M。

（4）过辅助灭点 M 分别向水平量线上的各点作引线,交于矩形的变线 AB,得各等分点,过这些交点分别引垂线,便可等分好此构筑物的立面墙体。

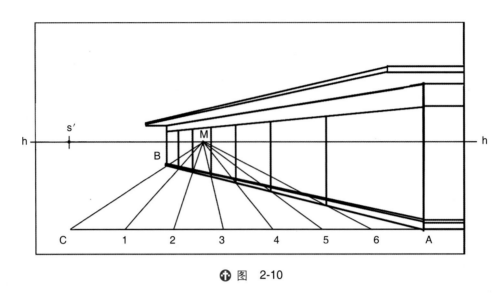

✿ 图 2-10

8．用平行变线按比例分割构筑物（图 2-11）

已知一构筑物的立面墙体,应用平行变线方法将其按比例等分为 4 等份,绘制出墙面壁柱的造型。

步骤如下:

（1）延长 AB 与墙顶的边线并找到灭点 s′,过 s′ 作视平线 h。

（2）自 A 点作任意长的水平量线 AC（AC ＞ AB）,在 AC 上进行大体的 4 等份后再进行壁柱宽度的等分。

（3）连接 CB 并交于视平线上,得到辅助灭点 M。

（4）自 AC 量线上各量点向辅助灭点 M 引线,交于 AB 线上得诸分割点。

（5）自诸分割点向上引垂线,即在 AB 线上完成 4 个壁柱的分割。

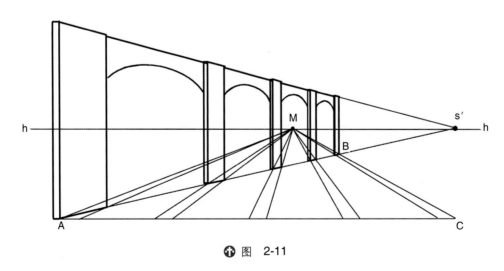

✿ 图 2-11

9．平行变线分割斜面（图 2-12）

已知一斜面台阶、视平线 h,按照平行变线方法将其等分为 5 等份,绘制出楼梯台阶的造型。

步骤如下:

（1）延长楼梯的扶手两边找到升点,过升点作视平线的垂线。

（2）由 A 点引一条与主垂线平行的线段 AC 为量线，在 AC 上作 5 等份。

（3）由 C 点引线，过 B 点与主垂线相交得辅助灭点 M，再自 AC 线各点向辅助灭点 M 引线，交 AB 线上，即得诸等分台阶点，从右至左绘制平行线，即将台阶造型绘制出。

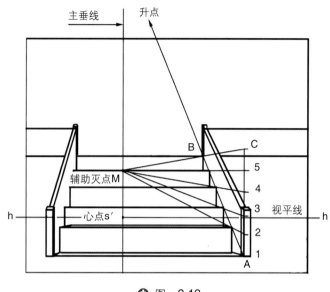

✿ 图 2-12

10．平行透视水平矩形（拱门）的连续延伸（图 2-13）

已知两拱门间的通道平面为四边形 AabB，绘制出拱门的连续延伸形体 3 个。

步骤如下：

（1）连接 AB 与 ab 得到心点 s′，过心点作视平线 h。

（2）作 Aa 水平线的中点 M，自 M 点向 s′ 引线，交于 Bb 水平线上得 1 点。

（3）自 A 点向 B 水平线上的中点 1 引线，并延长交于 as′ 线上得 c 点。

（4）自 c 点作水平线，交 As′ 线于 C 点，即得相等矩形……以此类推，就可将拱门通道平面画出。依照平面各点向上作垂线，依据透视规律即可画出拱门造型。

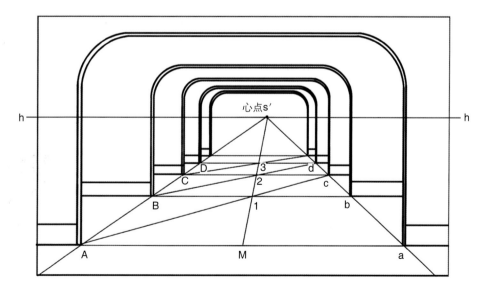

✿ 图 2-13

第三节　室内外空间平行透视图的绘制及应用

一、室内空间平行透视的概念

空间中的一个墙面与画面平行并且只有一个灭点。平行透视也叫一点透视,这种透视表现范围广,纵深感强,适合表现庄重、稳定、宁静的室内空间,缺点是画面略显呆板（图2-14）。

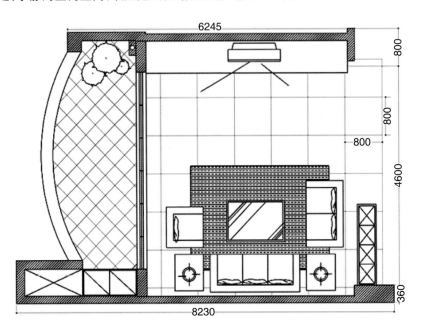

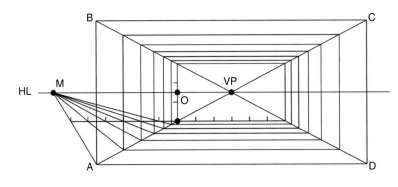

✦ 图　2-14

二、绘图方法

绘图依据为平行透视原理,从一个立方体转化为净高为**3m**的室内空间,室内宽可设定为**6m**,图纸比例为**1:100**,要求进行三维空间的绘制。步骤如下。

方法一　从内向外求一点透视法（一般状态）

步骤一：以A点为起点,分别向左右各绘制**5cm**、**6cm**。再以A点为垂直点,向上作垂线,为**3cm**,定出真高线,O为其中点。在**1.5cm**处画视平线HL,位于其左侧。定出M测点,右侧定出灭点VP（图2-15）。

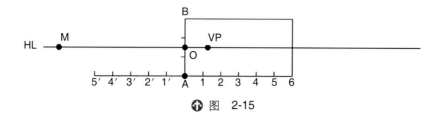

☝ 图 2-15

步骤二：以测点 M 连接点 A 左边的各小点 1′、2′、3′、4′、5′，交于 VP-A 延长线上（图 2-16）。

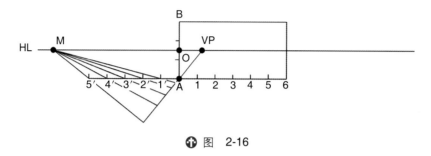

☝ 图 2-16

步骤三：连接 VP-B，绘制平行于 AB 的垂线与平行于 A6 的平行线，得到室内场景的最大进深线框（图 2-17）。

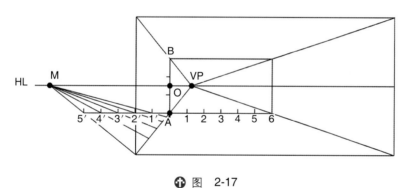

☝ 图 2-17

步骤四：以 VP-A 线上的交点，绘制出地砖横向的透视线（图 2-18）。

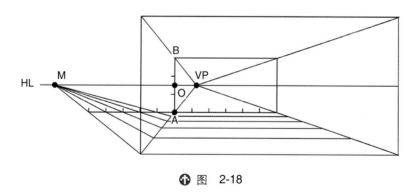

☝ 图 2-18

步骤五：在地砖横向的透视线稿基础向上作垂线，绘制出左右两面墙体进深线，再连接相应各点；最后绘制出顶棚的进深线（图 2-19）。

步骤六：灭点 VP 连接 A 点右边已等分的 6 点，绘制地砖纵向透视线（图 2-20）。

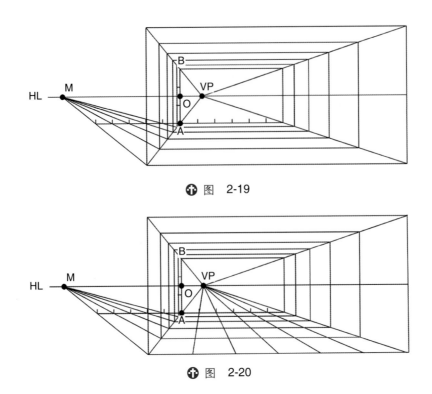

❀ 图 2-19

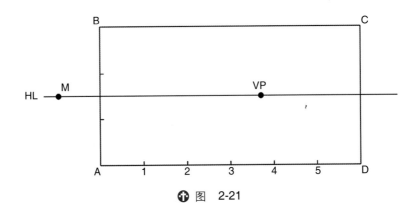

❀ 图 2-20

方法二　从外向内求一点透视法

步骤一：按室内空间的实际比例尺寸确定 ABCD，并将 AB 与 AD 进行等分，AB 为真高线，设定为 3cm，AD 为室内的宽，设为 6cm；HL 为视平线，一般设定在 1.5cm 处，依据构图需要再定灭点 VP 及测点 M 的位置（图 2-21）。

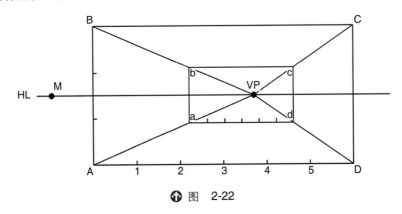

❀ 图 2-21

步骤二：依据构图需要，自己设定内墙进深线框 abcd，等分 ad 为 6 等份（图 2-22）。

❀ 图 2-22

步骤三：M 测点连接 AD 上等比例的刻度,交 A-a 线上,得出 1′、2′、3′、4′、5′、6′ 各点（图 2-23）。

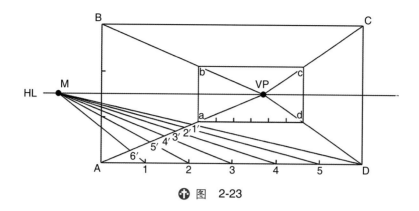

⊕ 图 2-23

步骤四：过 A-a 线上的各交点作平行于 AD 的水平线,交于 VP-D 线上（图 2-24）。

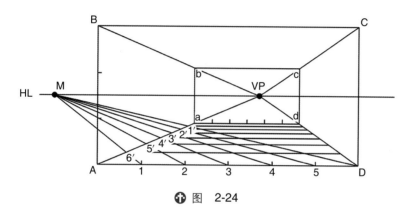

⊕ 图 2-24

步骤五：分别作 A-a、D-d 线上各交点的垂直线,交于 VP-B、VP-C 的各点。再作平行于 BC 的水平线,得出左右两面墙及顶棚的透视线框图。灭点 VP 连接 ad 线上的 5 个等分点,地面就基本按 1m×1m 的透视线稿清晰地表现出来,可按要求在里面添上家具等物体（图 2-25）。

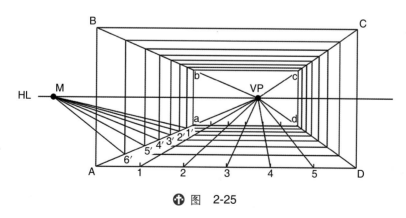

⊕ 图 2-25

方法三 用距点法作室内的平行透视图

已知室内平面图和后墙立面图,平面图在画面的前面,室内立面图的后立面贴在 p-p 线上,透视为实形,家具的布置和尺寸都在此立面上,用距点法作室内平行透视图。

步骤如下:

（1）如图 2-26 所示,定心点 s′,画出 g-g 线、h-h 线,量取 s′ 至 D 的长度等于视距。

（2）过平面图上家具各顶点作垂线至 g-g 线，在 g-g 线的各垂线上量出家具的实高尺寸，由后墙立面各点向 s′ 点引灭线并过 g-g 线往画面前方延长。

（3）在平面图上把要求出的 b 墙边的各点水平移到 a 墙边，然后将 a 墙边的各点作 45°辅助线，并在 p-p 线上得各迹点，再将各迹点向下引垂线交于 g-g 线上（垂线在透视图的旁边，以免与透视图中的线混淆）。

（4）从点 D 连接 g-g 线上的各迹点，并延长交墙角线于各点，过这些交点作水平线引至室内各形体的灭线上。在灭线上各点向上引高度垂线，连接相应各点，就可将床、沙发、窗户等各个平面中的物体造型绘制出来，并加以完善，就可完成室内平行透视图。

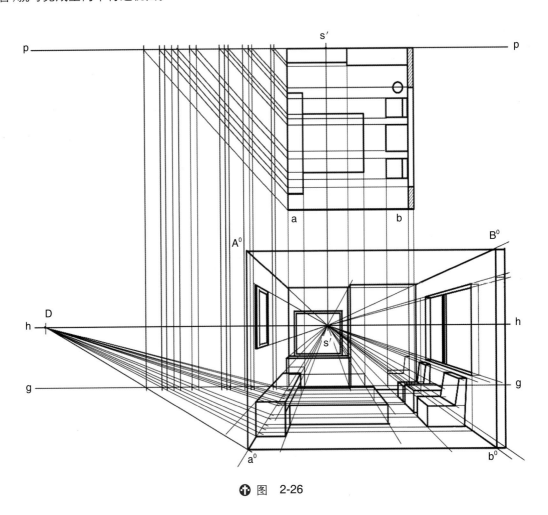

✿ 图　2-26

三、室内空间平行透视应用案例

如图 2-27 所示，灭点居中，表现的是室内过道一处的效果，重点突出马赛克陶瓷锦砖结合黑色镜面的天花板装饰效果，地面铺设相交错网格的大理石，在茶桌上方摆设绿化植物，让整个空间营造出典雅大方的气氛。

如图 2-28 所示，灭点偏左，表现的室内空间以餐桌椅为主，吊顶圆的造型与圆形用餐坐椅形成上下相呼应的设计手法。

如图 2-29 所示，灭点居中，以正常的视点观测，以不规则切割镜面材质为顶棚的装饰效果，下面摆设的六人长桌凸显了现代简洁的设计。

如图 2-30 所示，灭点居中，表现为现代中式风格的客厅，体现出严谨规整又不失细节的装饰效果。

✚ 图　2-27

✚ 图　2-28

✿ 图 2-29

✿ 图 2-30

如图 2-31 所示,表现的室内场景效果以装饰性的花纹样为主,很有民族文化特色。

如图 2-32 所示,灭点居中,办公室空间简洁大气,吊顶以日光灯带为主要灯源,结合左边的玻璃墙面,整体感觉通透明亮。

↑ 图 2-31

↑ 图 2-32

课后作业：

依据平面图,在以上介绍的一点透视方法中任选其一,完成室内客厅的一点透视图（图2-33）。

四、景观设计平行透视应用案例

我们还可以将透视的基本原理应用在景观设计中。如图2-34～图2-38所示,可以将室内透视空间扩展到室外环境中,以天空代表室内空间中的天花板（顶棚）,室外地面理解为室内的地面,左右两边均以不同层次的景观元素来进行布局及设计。要注意的是,室内是有限的空间,而室外景观可以是非常广阔的。由于面积较大,因此在表现景物时需要合理及丰富的想象力,才能增添不同特色的景观元素:如植被、喷水雕塑、廊架、坐椅、建筑、过往的人物等,可以表现以休闲、绿化为主的自然环境;还可以表现以建筑、商业街为主的人文环境。

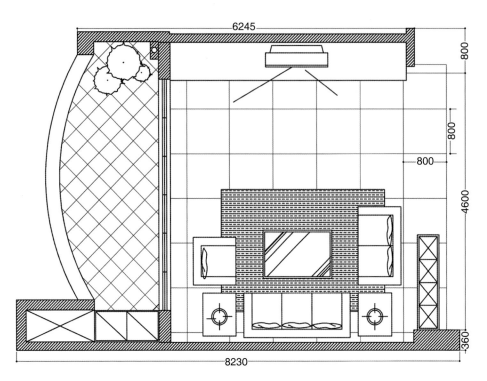

↑ 图 2-33

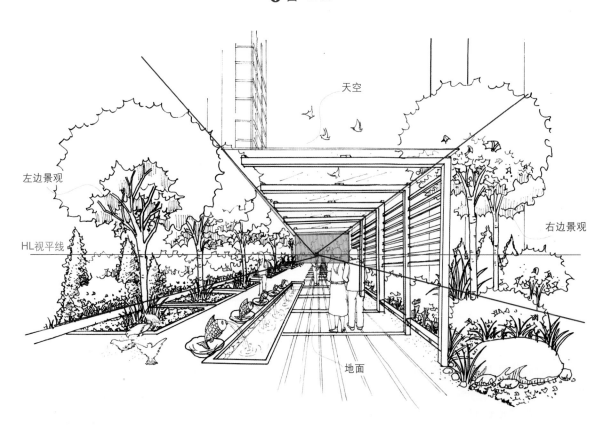

↑ 图 2-34

图 2-35

图 2-36

课后作业：

室外一点透视景观图写生。

要求：表现景物时要重点突出、透视准确，并绘于 A3 图纸上。

✚ 图　2-37

✚ 图　2-38

第三章
成角透视的作图方法与应用

本章要点：

1．成角透视的概念；

2．成角透视作图方法；

3．成角透视的应用。

重点掌握：成角透视作图方法、成角透视的应用。

第一节　成角透视的概念

成角透视又称为两点透视。其效果比较自由、活泼,能比较真实地反映室内空间（图3-1）；缺点是角度把握不好时容易出现变形。

⊕ 图　3-1

学习本章,我们可先将复杂的空间理解为一个最简单的立方体。以立方体为代表的正平行六面体在画面中,物体只有铅垂轮廓线(高度方向)与画面平行,透视具有近高远低的变化;但其他面都与画面相交。方形物体的两组面与透视画面的夹角之和为90°,于是在画面上形成了两个主向灭点,共有两个消失点(图3-2)。

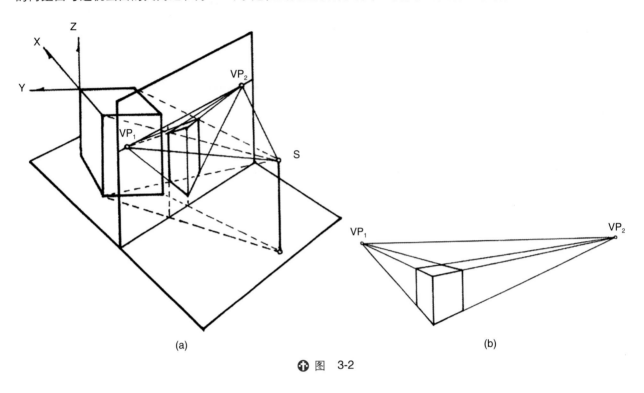

(a)

(b)

☝ 图 3-2

第二节　成角透视的作图法

1. 用视线法作立方体的成角透视(图3-3)

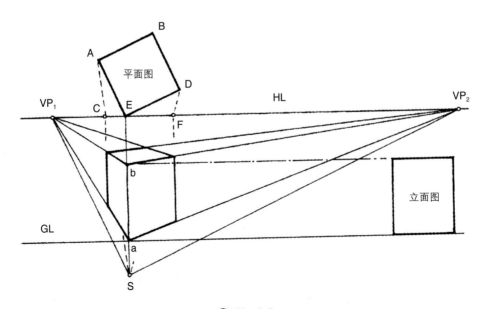

☝ 图 3-3

步骤如下：

（1）把立方体的平面图按一定角度（避免 45°）放置在 HL 上。由 E 点引垂线，定出 S 点，再由 S 点分别引两条平行于 AE 和 ED 的直线，在 HL 上交得 VP$_1$、VP$_2$ 两个灭点。

（2）位于 S 点上方处定出 GL 水平线，把立面图放置在 GL 上，参考右边的立面图，由真高线引水平线交得 b 点，分别由 b 点和 a 点向两个灭点引线。

（3）由 S 点分别向 A 点、D 点连线（图中以虚线表示），在 HL 上交得 C、F 两点。

（4）由 C 点和 F 点分别向下引垂线，分别交 VP$_1$-b、VP$_2$-b，在交点处分别连接 VP$_1$ 和 VP$_2$ 两个透视点，即作出立方体的两点透视图。

用同样的方法可作出长方体的成角透视图，如图 3-4 所示。

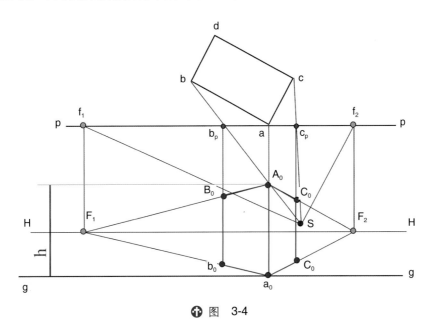

✿ 图　3-4

2．两点透视图中倾斜物的画法

已知倾斜物立面图的长度尺寸、宽度尺寸和高度尺寸，求作倾斜物的成角透视图（图 3-5）。

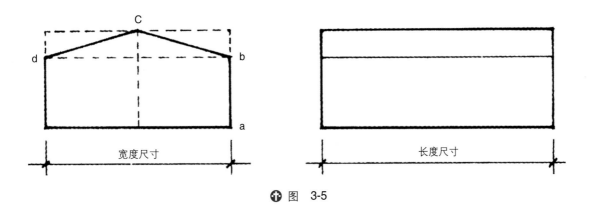

✿ 图　3-5

步骤如下：

（1）根据前面介绍的求作量点的方法，先求作出量点 M$_1$、M$_2$，而后定出 GL 和 a、b，分别由 a 点、b 点向 VP$_1$ 和 VP$_2$ 连线。

（2）利用 M₁、M₂ 向 GL 上的宽度尺寸和长度尺寸连线，在透视线上交得两点，并分别作垂线和向 VP₁、VP₂ 连线，即作出倾斜物立方体的两个侧面，将侧面各端点分别连接两灭点 VP₁、VP₂ 便得到立方体透视图（图 3-6）。

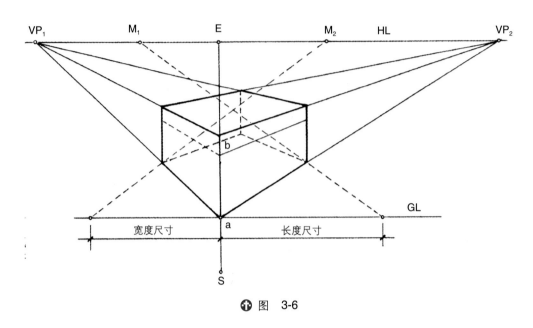

✿ 图 3-6

（3）在 GL 线上定出宽度尺寸的中点，将其与 M₂ 进行连线，即求出倾斜物中点 C 的透视。再由 C 点分别向 b 点、d 点连线及引透视线，即作出倾斜物的两点透视图（图 3-7）。

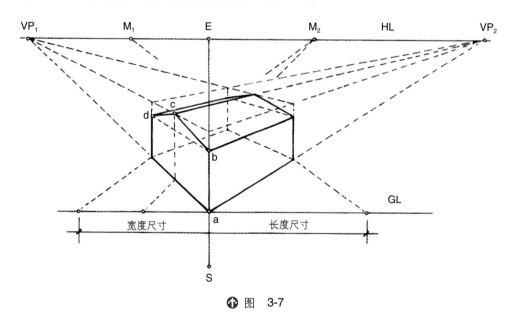

✿ 图 3-7

第三节　室内外空间成角透视图的绘制及应用

一、室内空间成角透视的概念

在空间中墙面与画面成为角度，其垂直线不变，平行线则各消失于两边的灭点上。成角透视也叫两点透视，通常表现室内某角度的透视图（图3-8）。

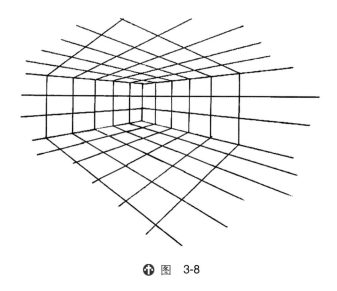

⊕ 图 3-8

二、绘图方法

方法一 一点变两点的简易画法（微动状态下的两点透视）

步骤一：图3-9所示为上节所介绍的一般状态下的一点透视线框图，AB为真高线，设定为3cm，AD为室内的宽为6cm，HL设定在1.5cm处，定好了灭点VP及测点M的位置。

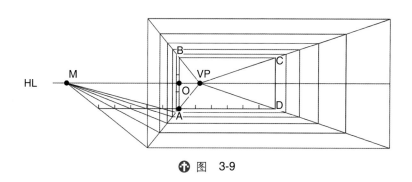

⊕ 图 3-9

步骤二：将地面与顶棚的进深线删去（图3-10）。

步骤三：以VP-A′线上的等比例的刻度为起点连接VP-D′线上各交点，连右侧点时，以向内倾斜一刻度的形式，绘制出地砖横向透视进深线，同理顶棚进深线也可绘制出（图3-11）。

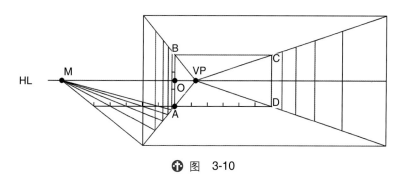

⊕ 图 3-10

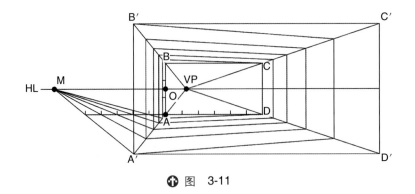

✪ 图 3-11

步骤四：灭点 VP 连接 AD 上的刻度线，交于 A′-D′ 线上。整体透视框即绘制出来（图 3-12）。

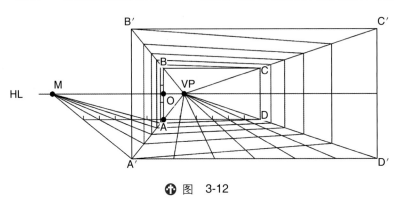

✪ 图 3-12

方法二 一般状态下的两点透视法

步骤一：画出真高线 AB 定为 3cm，将 A 点分别向左延长 7cm，右边延长 6cm（图 3-13）。

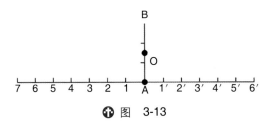

✪ 图 3-13

步骤二：按构图需要定视平线 HL 一般为 1.5cm，再定出左右两边的灭点 VP₁、VP₂，其两点的距离是画幅宽度的 3 倍左右，如图 3-14 中接近 13cm 的 3 倍。定测点 M₁、M₂ 的位置。如测点位置越向真高线靠拢，画面家具物体则大，反之较小。

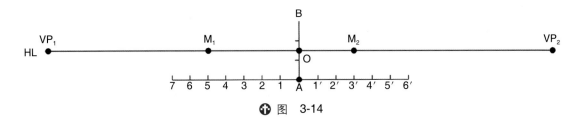

✪ 图 3-14

步骤三：VP₁、VP₂ 分别连接 A、B 两点，绘制出左右两面墙的透视进深线（图 3-15）。

步骤四：M₁ 连接 1、2、3、4、5、6、7 各点，M2 连接 1′、2′、3′、4′、5′、6′ 各点，分别交于 VP₂-A 与 VP₁-A 的延长线上（图 3-16）。

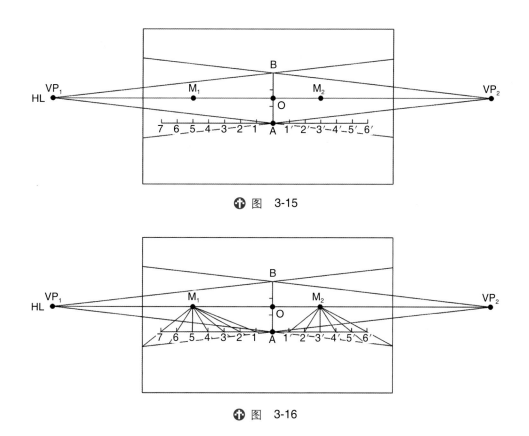

☝ 图 3-15

☝ 图 3-16

步骤五：VP₁ 与 VP₂ 分别连接落在 VP₂-A 与 VP₁-A 线上的交点，绘制出地面铺砖透视线（图 3-17）。

步骤六：去掉多余辅助透视线条，分别作落在墙角线上的交点的垂线，绘制出左右两边墙体的纵向透视线，整体框架就呈现出来了（图 3-18）。

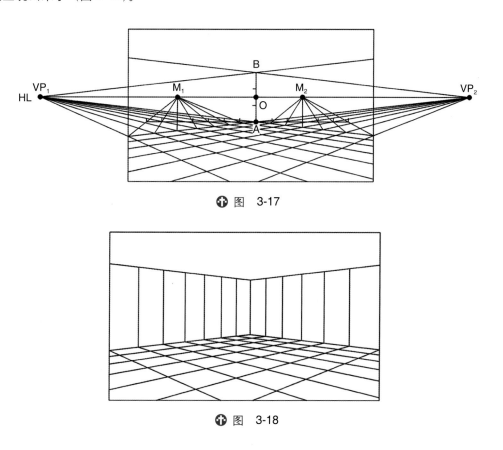

☝ 图 3-17

☝ 图 3-18

方法三 对等状态下的两点透视法

借于方法二将两个测点定的位置分别距离 O 点相等,就得到对等状态下的两点透视空间(图 3-19),在原线上测得家具的高度、宽度即可绘制出室内家具的透视线(图 3-20)。

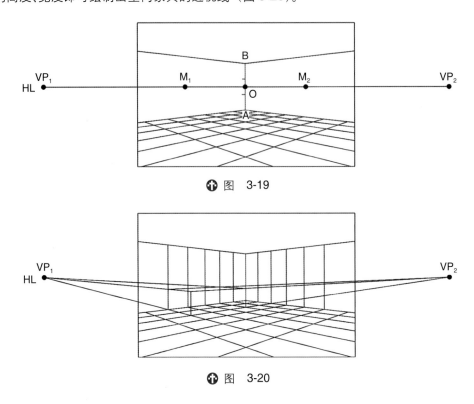

⊕ 图 3-19

⊕ 图 3-20

三、室内空间成角透视应用案例

室内两点透视图一般多用于表现两个正交的墙面、地面、顶棚和两面墙壁(图 3-21 和图 3-22)。

⊕ 图 3-21

✿ 图 3-22

如图 3-23 所示,是现代简约风格的客厅设计,成角透视表现为主,视点较低,将客厅沙发、茶几、地毯等软装饰表现得较丰富。

如图 3-24 所示,为别墅一层客厅设计,将沙发和电视机背景墙表现得较简洁大方。

如图 3-25 所示,为微动状态下的两点透视,重点以表现餐桌椅、吊顶为主,后面的楼梯与背景做了简单的处理。

✿ 图 3-23

⊕ 图　3-24

⊕ 图　3-25

如图 3-26 所示,微动状态下的两点透视,表现的是地中海风格的卧室设计,重点在表现床、床头柜、背景墙时突出拱形的造型,将风格衬托出来。

⬆ 图　3-26

如图 3-27 所示,微动状态下的两点透视,表现的是简欧风格的卧室设计,在绘制床、床头柜、背景墙、窗台时刻画得灵活生动。

⬆ 图　3-27

四、景观设计成角透视应用案例

正如上章课程介绍的一点透视原理应用于室外的环境景观设计中,同理可将两点透视应用于室外的场景。如图 3-28 ~ 图 3-31 所示,表现的分别是住宅景观、户外景观与商业街景观效果,主要应用景观各元素将环境营造得格外清新自然、舒适宜人。

天空　　廊架

HL视平线

喷水雕塑

↑ 图　3-28

↑ 图　3-29

⬆ 图 3-30

⬆ 图 3-31

课后作业：

绘制室内及景观的成角透视图各一张。

要求：透视准确、构图美观，绘制于 A3 的绘图纸上。

第四章
斜面透视与倾斜透视

本章要点：

1. 斜面透视；
2. 倾斜透视。

重点掌握： 斜面透视的画法；倾斜透视的画法。

第一节 斜 面 透 视

一、斜面透视的概念

凡一个平面与基面及画面均呈不平行状的投影透视，这种斜面在画面中变线消失于天点或地点的作图方法称为斜面透视。斜面与画面和基面都不平行，且不垂直于基面的平面，如楼梯、斜坡、瓦房的屋顶等（图4-1）。

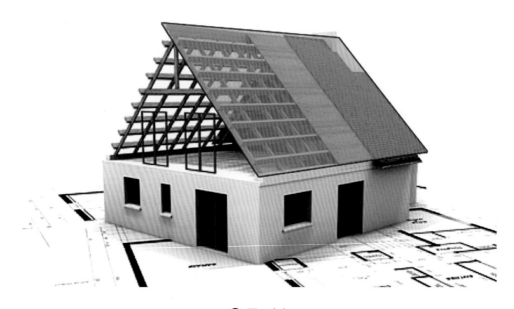

⊕ 图 4-1

图4-2所示为一倾斜放置在水平面上的方形平面ABCD。当投射线来自斜面正上方，投射线垂直于水平放置面，会在水平放置面上得到投影abcd，平面abcd称为斜面的正投影。这里，称此投影为斜面的基面。

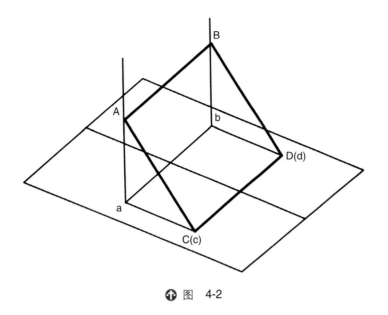

❶ 图 4-2

1．斜面透视分类

斜面的基面反映了斜面在水平方向上与透视画面所成的位置关系。斜面基面的两组边线,如果一组与透视画面平行,一组与透视画面垂直,则该斜面为平行透视状态,这种斜面的透视称为平行斜面透视;如果斜面基面的两组边线,与画面基线分别成一定的角度,则该斜面的透视称为成角斜面透视。平行透视的斜面灭线与成角透视的斜面灭线透视都交于天点上(图4-3和图4-4)。

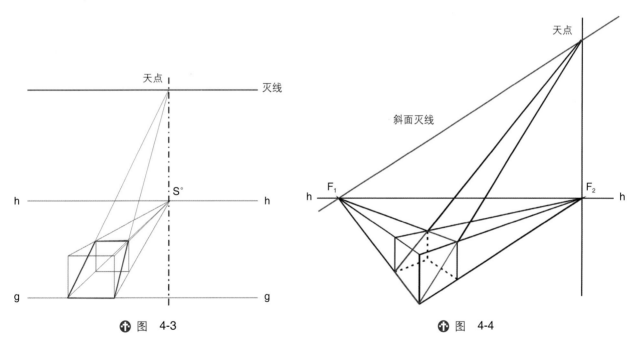

❶ 图 4-3　　　　　　　　　　　　　　　❶ 图 4-4

若细分又可分为上斜平行斜面透视、上斜余角斜面透视(图4-5)、下斜平行斜面透视、下斜余角斜面透视(图4-6)。

2．斜面透视特点

(1)上斜平行斜面透视:斜面水平边线为原线,没有灭点。斜面上斜边线聚向升点,升点在地平线上方心点垂线上。

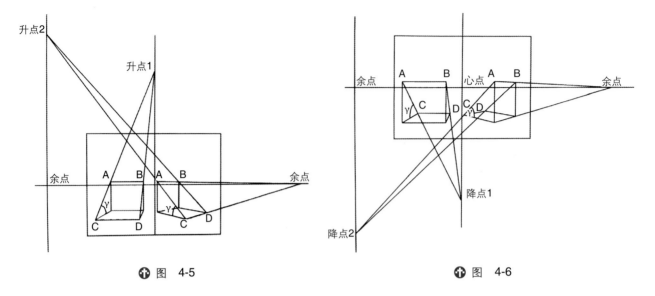

⬆ 图 4-5   ⬆ 图 4-6

（2）上斜余角斜面透视：斜面水平边线向地平线上一余点会聚。斜面上斜边线聚向升点，升点位于地平线上方另一余点垂线上。

（3）下斜平行斜面透视：斜面水平边线为原线，没有灭点。斜面下斜边线聚向降点，降点在地平线下方心点垂线上。

（4）下斜余角斜面透视：斜面水平边线向地平线上一余点会聚。斜面下斜边线聚向降点，降点位于地平线下方另一余点垂线上。

3．斜线及灭点特点

当直线不平行于画面也不平行于基面时，该直线为斜线（倾斜变线）。

如图 4-7 所示，上斜斜线为近低远高的斜线，消失于视平线上方的天点（红色线）；下斜斜线为近高远低的斜线，消失于视平线下方的地点（蓝色线）。

4．两斜面交线的灭点应用于建筑（图 4-8）

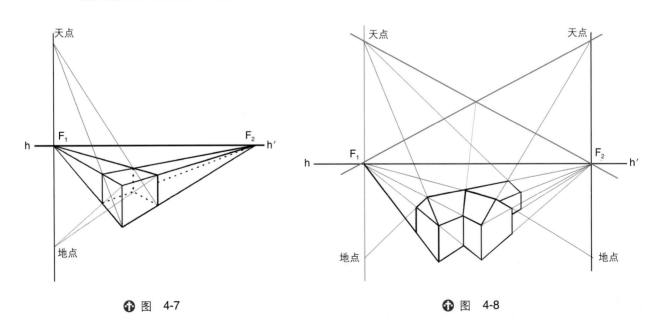

⬆ 图 4-7   ⬆ 图 4-8

二、斜面透视的作图法

1. 平行透视下楼梯斜面的画法（图 4-9）

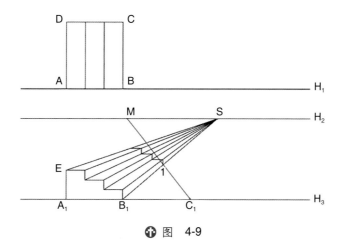

⬆ 图　4-9

已知台阶的平面图 ABCD，立面高是 AB 长的二分之一，求一点透视。

步骤如下：

（1）将 AB 两点延长到立面图的地平线 H_3 得到 A_1、B_1 两点，在 H_2 上确定灭点 S 的位置与测点的位置 M。

（2）过 A_1 点向上作垂线，再过点 E、A_1、B_1 各点连接灭点 S。

（3）测量 BC 的长度，在 H_3 上定出 C_1，使 BC=$B_1$$C_1$，连接测点 M 与 C_1，得到透视楼梯的透视端点。

（4）过透视端点 1 向上作垂线与平行线 3 次，即得到一点透视楼梯的透视图。

2. 成角透视下楼梯斜面的画法

已知台阶的平面图、立面图，求两点透视楼梯透视斜面图（图 4-10）。

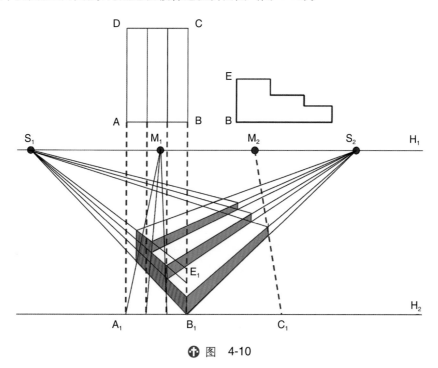

⬆ 图　4-10

步骤如下：

（1）分别在 H_1 水平线上定出两测点与两灭点的位置 M_1、M_2、S_1、S_2 四个点。

（2）将 AB 两点延长到立面图的地平线 H_2 上得到 A_1、B_1 两点。

（3）测量 BE 的长度，使 $BE=B_1E_1$，B_1E_1 连接灭点 S_1，同时测量 BC 的长度，使 $BC=B_1C_1$，再将 C_1 与 M_2 相连接。

（4）点 M_1 连接落在 H_2 线上 A_1B_1 的 3 个等分点，交左边透视线于各点，以点 B_1 为起点根据透视规律作垂线与透视线，即绘制出左边的透视面。

（5）再将透视面上各点分别与点 S_2 相连接，交 C_1-M_2 于透视楼梯右下角一端点，过这端点分别作垂线及向 S_1 延伸的透视线，完整的两点透视楼梯斜面便绘制出来。

3．一般状态余角透视室内斜面场景的画法

步骤如下：

（1）设定视高 1.5m，室内高度为 3m，上下台阶设定为 8 级，台阶的宽度为 1.5m，扶手高度为 0.5m。如图 4-11 所示，先建立透视画面的构成要素，根据偏角 30° 由转位视点确定主题变线余点 F_1、F_2，由余点 F_1 对应的侧点 M_1，分别向上、下作 30° 的延长线，与主垂线相交得出天点与地点，与过余点 F_1 垂线即斜形侧面消线相交，得到天点 T、地点 V。根据构图需要，确定斜形宽度方向起始线消点 F_2，在拟定楼梯的转折处，用视高测高法作出测线 1.5m 高的分段点，用测点法确定斜形宽度方向变线长度。

（2）在斜形的整体框架的每级高度原线部分上，将拟定级数 8 级分为 8 等份。按透视的基本规律，画出斜形的台面与立面，以及将上至第 2 层的台阶背面画出，用测点法将上下缓步台及走廊造型建立起来。

（3）按照透视基本规律及法则画出台阶厚重及承重梁。用透视缩尺法建立各面上的人物。

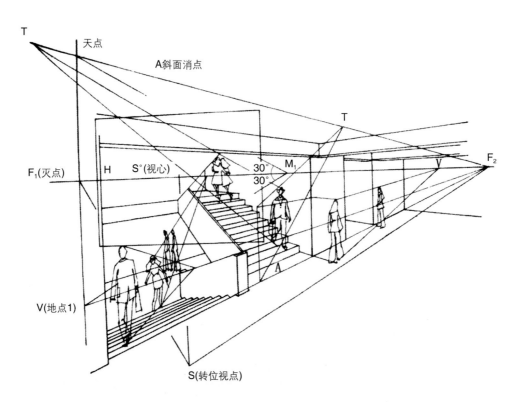

⊕ 图 4-11

4．楼梯斜面平行透视的画法

已知楼梯的宽、深度和倾斜角度,楼梯的平行透视的作图步骤如下（图4-12）：

（1）确定基线 GL、视平线 HL、距点 D 和心点 CV。在心点上作视垂线,过距点 D 引斜线（按楼梯的倾斜角度）与视垂线相交,定天点 V。在基线上定楼梯宽、深度量线 AB 和 AC,将点 A、B 两点分别与 CV 点连接,CV-A 与 CD 交于 C′,过 C′ 作 AB 的平行线与 B-CV 交于 D′,得出楼梯底面透视图 ABD′C′。

（2）过 B 作垂线得楼梯真高线,定出踏步上 1、2、3、4、5 各点。过 1 作 AB 平行线与过 A 的垂线交于 1″,得第一个踏步立面图 AB11″。过 1 和 1″ 分别与 V 点相连求楼梯上斜透视线。过 2、3、4、5 各点分别与 CV 连线,与 1V 的连线相交得 2′、3′、4′、5′ 各点,再过 2′、3′、4′、5′ 各点引水平线,与 1″ V 的连线相交得 2″、3″、4″、5″ 各点。

（3）先过 2′、3′、4′、5′ 和 2″、3″、4″、5″ 各点分别作垂线,再将 5″ 与 CV 的连线和 C′ 的垂线相交得 E,过 E 引水平线交于点 5′ CV 的连线得 F,连接 5′、5″、E、F 得第五踏步平面透视图。将 2′、3′、4′、5′ 和 2″、3″、4″、5″ 与 CV 连线,得各踏步间交点。

（4）最后将踏步间交点相连接,完成楼梯斜面平行透视图。

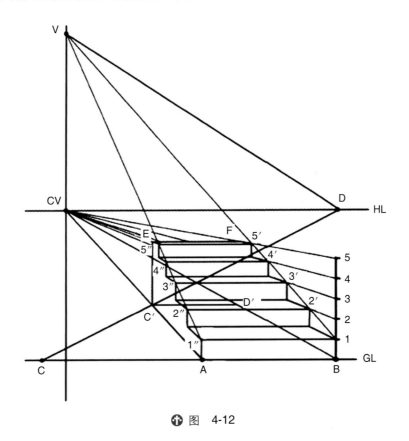

⊕ 图 4-12

课后作业：

对楼梯进行写生。

要求：

（1）明确视平线、正中线、心点的构图位置；

（2）透视准确、制图规范；

（3）阶梯结构准确,构图完整,完成 8 开纸作业一幅。

第二节　倾 斜 透 视

一、倾斜透视的概念

　　在透视投影中,直线或平面与基面和画面两者都倾斜时形成的透视,统称为倾斜透视。由于倾斜透视大多有三个灭点,故又称为三点透视。分别消失于天点、地点和视平线上,且画面中没有一个面与画面底边、画面垂线、视平线平行。根据视线方向变化的规律,倾斜透视可分为三种类型:斜面透视、仰视透视和俯视透视。多用于表现楼梯、高层建筑仰视图、建筑屋顶与建筑道路或园林规划与建筑鸟瞰图。

　　倾斜透视的特征。

　　(1)平行仰视状态下,方体两组水平边线,一组保持水平,一组向降心点会聚,方体铅垂边线向升点会聚。

　　(2)成角仰视状态下,方体两组水平边线分别向左右降余点会聚,方体铅垂线向升点会聚。

　　(3)平行俯视状态下,方体两组水平边线,一组保持水平,一组向升点会聚,方体铅垂线向降点会聚。

　　(4)成角俯视状态下,方体两组水平边线分别向左右升余点会聚,方体铅垂边线向将降点会聚。

二、倾斜透视的作图法

1. 倾斜立方体的透视画法 (图 4-13)

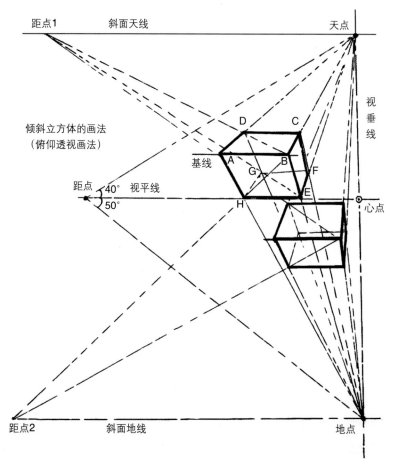

图　4-13

（1）先确定一个立方体斜面与基线的角度，画出视平线、视垂线，定各距点；再定天点、心点、地点、天点斜面天线、地点斜面地线，透视基础框架即绘制出。

（2）画透视图：在视平线上方定基线 AB 长度。又 AB 分别向天点引透视线，向地点引透视线。再由 B 点分别向距点 1 和距点 2 引透视线，分别交于 D 和 H。引 D 点的水平线、H 点的水平线得 C 和 E。再由 E 向天点引透视线，C 向地点引透视线，交于 F 点。倾斜立方体即可画成。

2．倾斜透视空间的画法

仰视与俯视按角度又可细分为平行俯视、成角俯视、平行仰视、成角仰视，一般用于建筑景观设计及室内公共场景的效果绘制，下面将这几种形式做简单介绍。

俯仰透视主要特点如下：

（1）主视线（视中线）不再平行基面，而是向下或向上倾斜，代表倾视视域的出现。随之与主视线保持垂直关系的画面不再垂立基面，也向下或向上倾斜。

（2）所有垂直基面的边线，在倾视画面中，于中心垂线两侧产生倾斜消失（离中心垂线越远倾斜度越大），俯视时向下消失到视点垂直下方与中心垂线的交点——底灭点；仰视时向上消失到视点垂直上方与中心垂直的交点——顶灭点。

平行俯视图：平行俯视是由一点透视变化而来，一点透视中所有垂直地面的线都向地点聚集，而所有向主点消失的线，在俯视中都向主天点消失（图 4-14）。

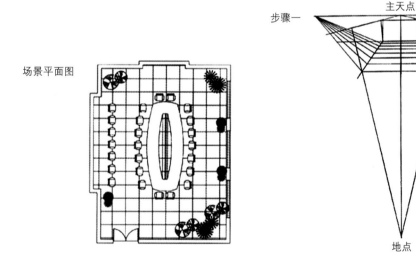

场景平面图　　步骤一　主天点　　地点

✛ 图　4-14

具体以绘制会议室为例作参考，如图 4-15 ～图 4-18 所示。

成角俯视图：成角俯视是由两点透视变化而来，两点透视中所有垂直地面的线都向地点消失，而向左右余点消失的线都向左右余天点消失。具体绘制步骤参考图 4-19 ～图 4-21。

平行仰视图：平行仰视是由一点透视变化而来，一点透视中所有垂直地面的线都向天点消失，而所有向主点消失的线，在仰视中都向主地点消失（图 4-22）。

平行仰视效果图见图 4-23。

成角仰视图：成角俯视是由两点透视变化而来，两点透视中所有垂直地面的线都向天点消失，而向左右余点消失的线则向左右余地点消失（图 4-24）。

步骤二

主天点

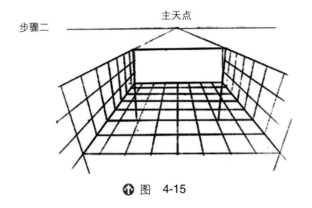

⊕ 图 4-15

步骤三

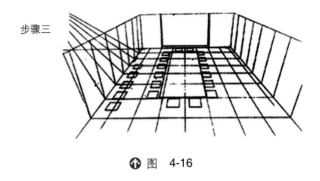

⊕ 图 4-16

步骤四

⊕ 图 4-17

步骤五

⊕ 图 4-18

所画场景平面图

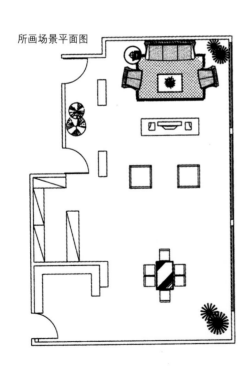

余天点   M₁   M₂   余天点

步骤一

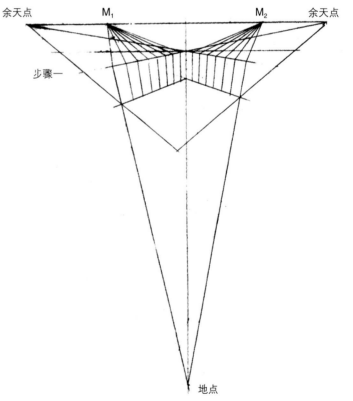

地点

⊕ 图 4-19

步骤二

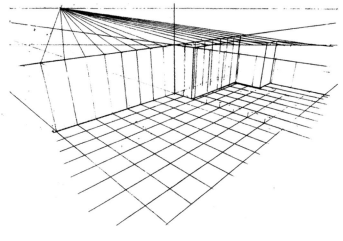

✿ 图　4-20

步骤三

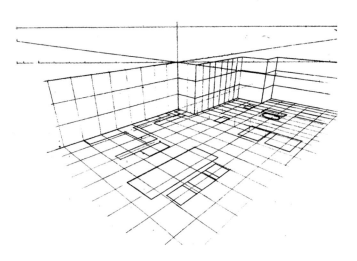

✿ 图　4-21

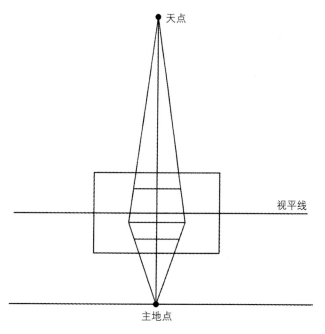

天点

视平线

主地点

✿ 图　4-22

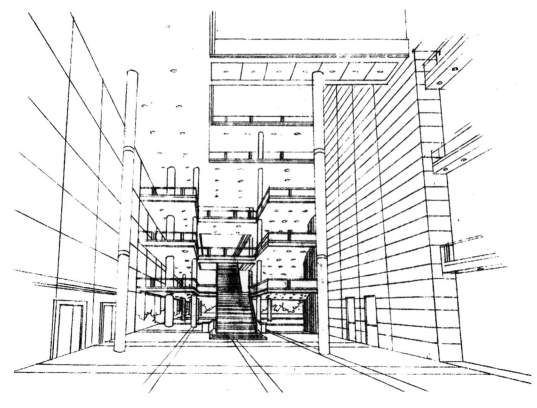

⊕ 图 4-23

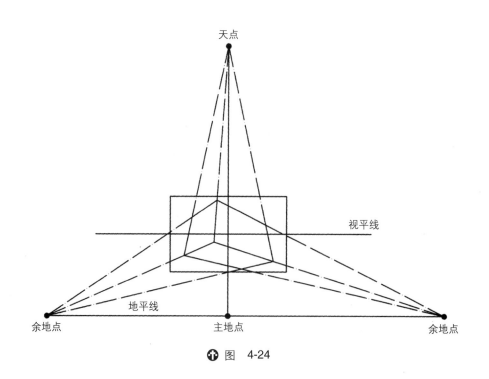

⊕ 图 4-24

成角仰视效果如图 4-25 和图 4-26 所示。

课堂作业：

依据成角俯视原理（图 4-27），将室内空间场景绘制成角俯视效果图（图 4-28）。

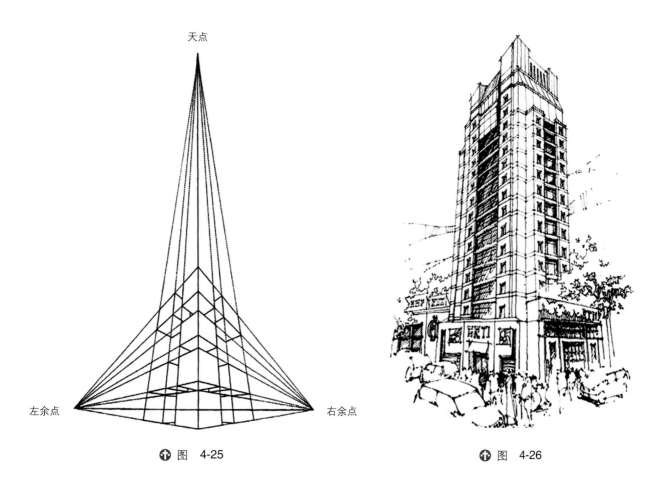

天点

左余点　　　　　　　右余点

⬆ 图 4-25

⬆ 图 4-26

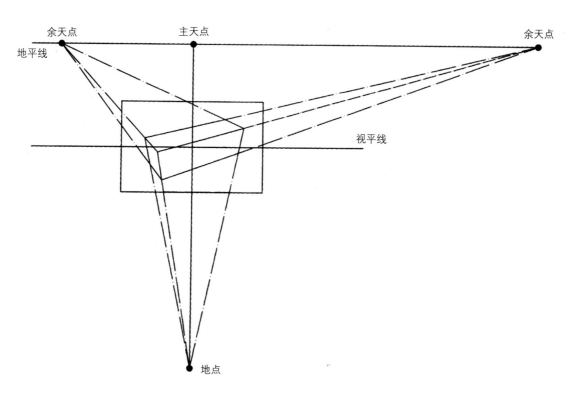

余天点　　　　　　　主天点　　　　　　　　　　余天点

地平线

视平线

地点

⬆ 图 4-27

✪ 图　4-28

课后作业：

1．什么叫倾斜透视？分别举例说明斜面透视、仰视透视和俯视透视的特点及其原理。

2．以一张建筑物的平行仰视或俯视图或照片作透视分析。

要求：

（1）要根据所讲授的俯仰透视概念、分类、特点、规律对建筑物选择合适角度进行观察写生。

（2）在写生实践中，要在画面中确立好中心垂线的位置与地平线的关系，应注意把握好各方向边线的基本状态与灭点的关系，以及灭点与灭点间的关系（应融会贯通平行透视、成角透视及俯仰透视灭点形成原理及位置间的互为关系）。

（3）写生后要进行规范整理（可参照教材中介绍的成角透视画法），使仰视建筑物透视变化基本准确。

（4）完成 8 开纸作业一幅，构图得当，画面效果好。

（5）遵循透视的规律与法则，构图合理、步骤正确、表现准确。

（6）项目设计要求设计新颖，结构准确，空间布局合理。

第五章
曲线与圆形的透视

本章要点：

1．平面曲线与圆的透视；
2．曲面立体的透视。

重点掌握：圆的透视；曲面立体的透视。

第一节　平面曲线与圆的透视

一、曲线透视

曲线分为两种：平面曲线和空间曲线。曲线上所有的点位于同一平面上称为平面曲线,空间曲线有球体、圆柱体等曲线立体。它们都是以曲线和曲线平面为基础,所以掌握了曲线的透视方法,就能解决曲线立体的透视。平面曲线有规则与不规则之分,透视理论上把规则的平面曲线规定为圆,其他均为不规则平面曲线。如图5-1中地面上的曲线纹理,增加了整个室内空间的生动性与装饰性。

↑ 图　5-1

如何将设想到的关于曲线的设计元素绘制在图纸上？以下先介绍平面曲线的画法，再通过透视规律画出曲线的透视图例。

1. 平面曲线的画法

如图 5-2 所示，由于曲线比较复杂，不能像直线那样直接画出其透视，但可以借助直线来完成。首先将平面曲线用网格进行分割，这样可以看出大体的坐标位置。在透视设计构图上，通过透视的基本规律定出测点、视平线及透视灭点，就可以参照平面图中的曲线坐标位置，大体确定在透视网格中的位置，将点用平滑的曲线画出，就能得到比较简捷的近似画法。

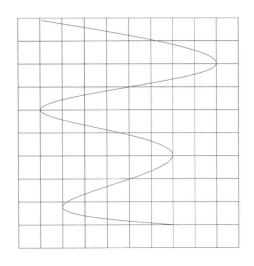
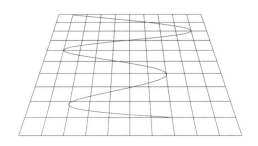

↑ 图　5-2

2. 曲线透视在设计中的应用

图 5-3 和图 5-4 所示分别是某餐厅的设计案例，其特色在于顶面的装饰构造上应用类似波浪曲线的方法进行设计，别有一番风味。

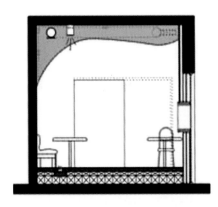
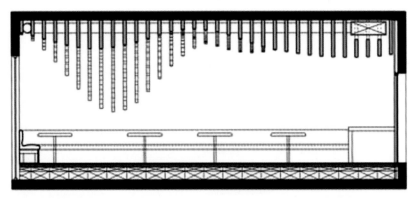

↑ 图5-3　立面图

二、圆的透视

在日常生活中，比较常见的是以圆为形态特征的曲线和曲面。如建筑中的圆形廊柱、圆形门窗以及建筑内部空间的分割与装饰构件等。

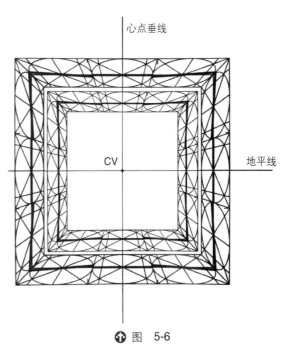

⊕ 图5-4 效果图

1. 圆的透视的特征

（1）平行于画面的圆的透视仍为正圆形，只有近大远小的透视变化（图5-5）。

（2）垂直于画面的圆的透视一般为椭圆，从直径分，则远的半圆较小，近的半圆较大（图5-6）。

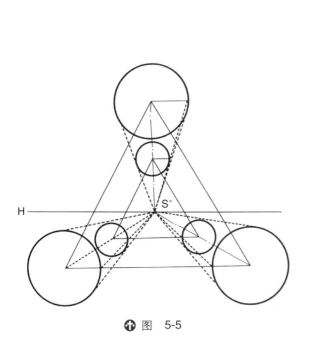

⊕ 图 5-5

⊕ 图 5-6

（3）圆形与画面接近垂直的透视圆越小，与画面接近平行的透视圆越大。

（4）圆形越接近视平线圆形图形形状越扁，离视平线越远圆形透视图形越圆。

（5）圆形如与视平线重合则透视变成一条直线。

（6）圆与圆的透视皆为轴对称图形。

2．圆的绘制方法

圆平面平行于透视画面时，其透视圆面，仍然是一个圆。随着圆面与画面的距离产生变化，其半径的透视长度也发生变化，所以只需要找出圆心的位置和半径的透视长度，便可以画出透视圆面。

我们主要研究的是不平行于画面的圆的透视，一般分为四点法、八点法及十二点法。四点法较为简单，将外切正方形画出后，找出各边的中点，连接便可得出，这里不做图例的介绍。下面以八点法及十二点法做图例的画法介绍。

（1）八点法

平面图作图方法如图 5-7 所示，先根据圆的直径画圆的外切正方形 ABCD，应用 1、2、3、4 各点等分四边，这四点即为内切圆上的四个切点；连接 AC、BD 对角线，找到圆心点 O；同时以 A1 为底边，作等腰三角形 AG1，以 1 点为圆心，G1 为半径画弧交 AB 于点 E、F，分别过点 E、F 作 DC 的垂线与对角线交于 5、6、7、8 四个点，将求出的这 8 个点用光滑的曲线连接即画出圆周。

同理可以绘制出不平行于画面的圆的透视。如图 5-8 所示建立作图基本框架，确定视平线 h、心点 s′、距点 E，在 gg 线上确定正方形的边长 AB，以 A、B 两点连接心点 s′，距点 E 连接点 A 得到在这个透视的框架中正方形的另一个端点 C，过 C 作 AB 的平行线交 As′于点 D。这样外切正方形就绘制出来了。连接 s′与 AB 的中点 1 得到 CD 的中点，同时此线段与 AC 交与点 O，O 就是圆心，过 O 作水平线交 AD 与 BC 两点，这样内切正方形 1、2、3、4 四个点就得到了；其余四个点方法可同上。另一种方法是将 A1 作为等腰三角形的边，以 A 点出发作垂线 Aa=A1，a1 为斜边，以 1 为圆心，A1 为半径画弧交 a1、b1 的两点后分别作垂直 AB 的直线，将落在 AB 线上的两点分别与心点 s′连接，所得到的点与透视的正方形的对角线的交点便是其余四个点 5、6、7、8，这样 8 个点求出后，用光滑的曲线连接即画出透视的圆周。

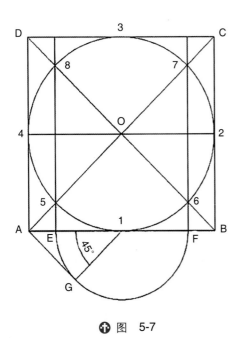

⊕ 图 5-7

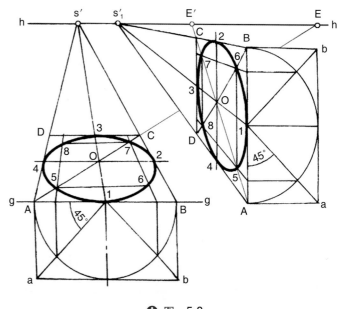

⊕ 图 5-8

（2）十二点法画圆

平面图作图方法如下（图5-9）：

① 如图5-9以圆的直径大小绘制出外切正方形ABCD，先定四边中点，得到4个点，分别是1、2、3、4 。

② 将等分的四边再进行2等分，得到各小点后，一共将正方形ABCD的边长分别都等分了4等份，再分别作垂线，即将正方形一共等分为16份。

③ ABCD各端点连接对边，连接对边的等分点应是到对边最近的距离，以A点为例，点A连接DC与BC上的等分点，以此类推，这样就得到正方形ABCD内相连接的8条线；这些点与等分16等份的线各相交于点5、6、7、8、9、10、11、12各点。

④ 将以上12个点连接，便能绘制出一个整圆。

同理可绘制出十二点法画透视圆（图5-10）。

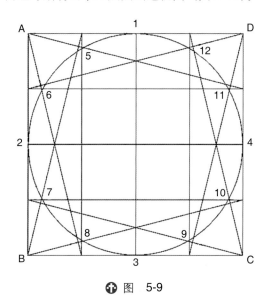

✿ 图 5-9

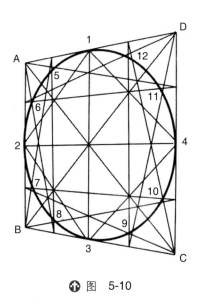

✿ 图 5-10

第二节　曲面立体的透视

一、曲面立体的概念

曲面立体是指由曲面或曲面与平面共同围成的立体。曲面可以看成是由一条动线沿着一定的约束条件运动形成的。动线绕一固定的轴线旋转而形成的曲面，称为回转曲面。其中固定的轴线称为回转轴。由回转曲面或回转曲面和平面围成的立体称为回转体。曲面立体常见的形体有圆柱、圆锥、圆拱、球体等。下面将常见到的曲面体画法分别作简单的介绍。

二、曲面立体的作图法

1．圆柱的透视

作圆柱的透视，首先应画出圆柱上、下两底圆的透视，然后再画出与两透视圆公切的轮廓线，即完成圆柱的透视。

已知底面在基面上并紧靠画面竖直圆柱的直径和柱高 H,作圆柱的透视(图 5-11)。

作图步骤如下:

(1)用圆的透视作图法,画出圆柱底圆的透视。

(2)作真高线并量取圆柱的高度 H。

(3)画出上底圆的外切正方形的透视。

(4)自底圆的八个点的透视分别作竖直线,找到顶圆上八个对应点的透视。并依次连接各点。

(5)画两透视圆的公切线,完成作图。

2. 半圆拱门透视

已知拱门的平面、立面。

分析:拱门的上部为半圆柱孔,其余为平面立体,因此主要是作两个半圆的透视。可先作出半个外切正方形的透视,进而得到透视圆弧上的五个点,光滑连接五点得前面半圆弧的透视。

作图步骤如下(图 5-12 ~ 图 5-14):

(1)在适当位置画出视平线、基线等。

(2)把物体投影旋转一适当角度,求出灭点。

(3)作出平面立体部分的透视。

(4)作山前半个圆弧的外切正方形的透视(半个)。

(5)画出矩形对角线的透视,并对矩形的左边线进行分段,从而求出 2°、4° 两点,依次连接各点完成前半个圆弧的透视椭圆。

(6)根据墙的厚度,利用前后两半圆的对应点连线,也就是圆柱的素线,应通过灭点 F_1,快速、准确地求出后半个圆弧的透视椭圆弧。也可重复(4)、(5)两步,画出后面半圆弧的透视。

图 5-11 图例位于页面右上方。

➊ 图 5-11

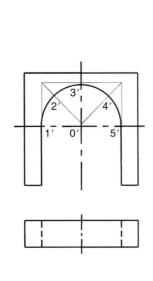

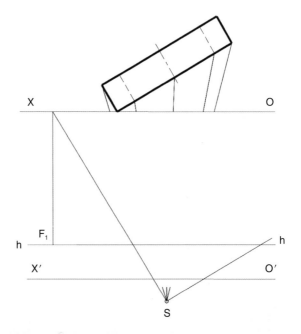

➊ 图 5-12

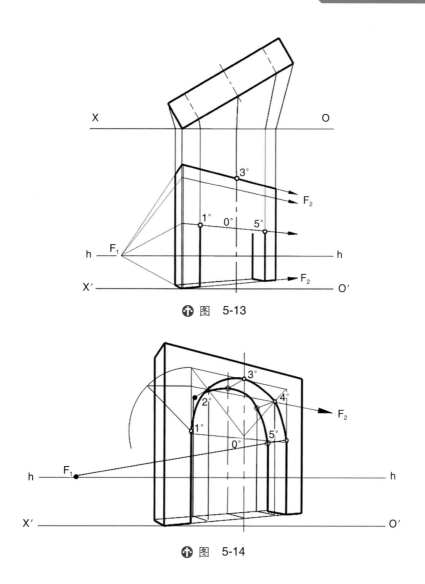

⊕ 图 5-13

⊕ 图 5-14

3．圆拱的透视

画建筑物门窗和室内的圆拱顶面,可在立方体的透视框架中,寻得拱面关键点的位置,再以弧线相连(图 5-15)。

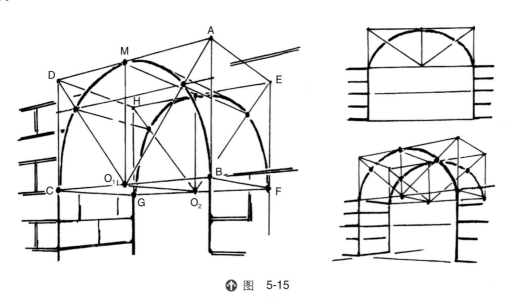

⊕ 图 5-15

4．绘制圆管的透视

已知圆管的立面与平面、视平线 h。

分析：圆管的前端面位于画面上，其透视就是它本身。后端面与画面平行，其透视仍为圆周，但半径缩小。为此，先求出后端面圆心 O 的透视 O°，然后求出后端面两同心圆的水平半径的透视 O°A° 和 O°B°，以此为半径分别画圆，就得到后端面内外圆周的透视。

作图步骤如下（图 5-16）：

（1）根据立面得知两圆周，引垂线在适当位置处画出前端面圆。

（2）在视平线上定灭点位置 S′，S′ 与 S 垂直视平线 h；a、o、b 三点分别连接点 S，交基线 XO 于各点再分别作垂线，求出 A°、B° 和 O° 三个点。

（3）画出后端面外圆，并作前后两外圆的两条切线。

（4）画出后端面可见部分的内圆，完成透视作图。

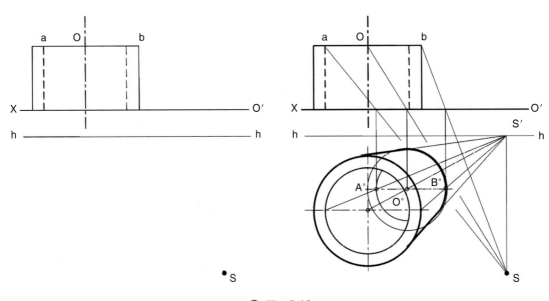

⊕ 图 5-16

5．球体透视的画法

球体实际上是曲线回转体，圆球由球面围成。球面可看作是由圆绕其本身的直径旋转而成的。

（1）球体透视的特征

① 球的任何一个截面均为圆形，相当于直径不同的圆形在中轴上的组合、叠加和旋转。

② 近中心投影作图法对球进行透视，会发现只有视轴通过球心的圆球轮廓才是正圆，其余截面则为椭圆。但如果圆球的位置靠近心点，大约在 60° 的视角范围内，一般很难看出是椭圆，因此，在绘画作品中一般将圆球的透视画为正圆。

（2）画法

① 根据球的透视特点，只有视心轴线通过球心的圆才是正圆，当附着在球上的圆的直径平行画面时，有几种情况，圆高于视平线或低于视平线，在视平线左边或者右边（图 5-17）。

② 通过球心的任何截面均为等大的标准圆，直径相等，面积相等（图 5-18）。

③ 当附着在球体上的圆的直径与画面不平行时，画法如图 5-19 所示。

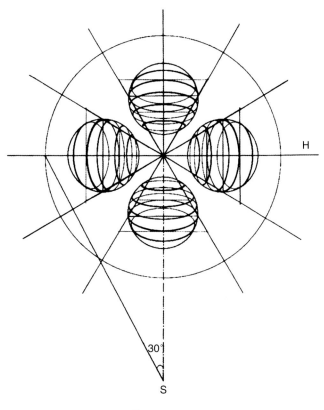

↑ 图　5-17

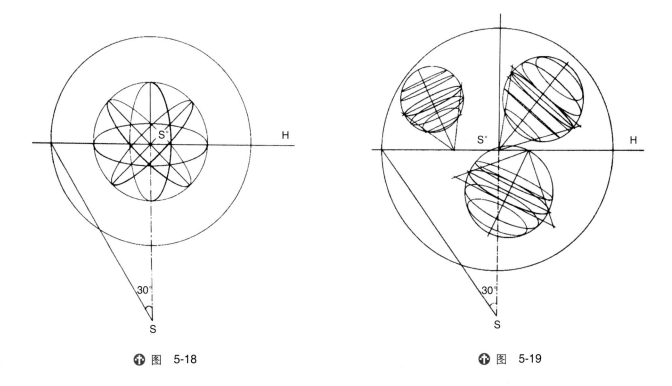

↑ 图　5-18　　　　　　　　　　　↑ 图　5-19

a. 根据灭点定理和假设直径与画面所成的角度,找出任何一个截面圆的直径。

b. 过直径作一垂直线,使其与视平线相交于一点,过直径两端引线向这一点消失。

c. 用任何一种求圆法画出截面圆。

6．规则的立体曲线——螺旋楼梯

旋转楼梯最基本的框架线是螺旋线，一般对螺旋线的透视画法比较多，基本上是靠建立在平面图与立面图构成的空间坐标体来实现。对螺旋楼梯顶视平行投影，得到其平面图，侧视平行投影得到立面图。平面图与立面图的空间关系相当于立方体的底面与侧面，底面与侧面构成了螺旋楼梯的空间坐标体，通过立面图上曲线的点与平面图上的曲线各点就可以确定空间曲线的点。对平面与立面图及它们的立方体的空间关系进行透视，就会得到螺旋楼梯的透视形状（图5-20和图5-21）。

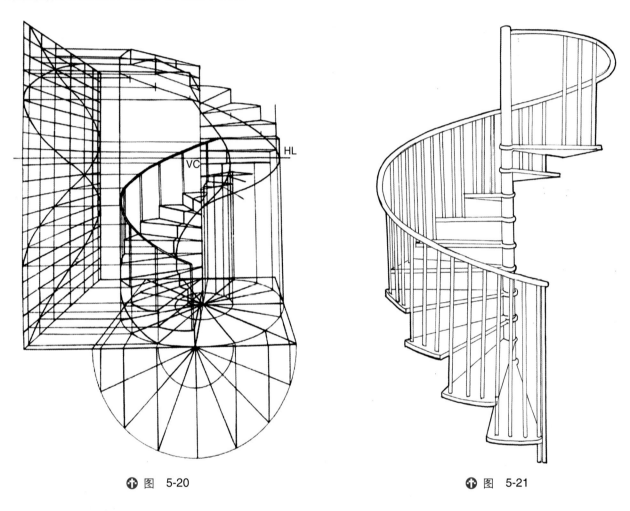

⬆ 图 5-20　　　　　　　　　　　　　　　　　　⬆ 图 5-21

三、曲线与圆在环境艺术设计中的应用

图5-22是个单身女性公寓住宅，户型中应用许多圆形进行动感的布局设计：圆形的床、地毯、圆形的吊顶及弧线型的造型墙面。

图5-23中设计场景是宴会厅，其最大的特色就是圆形的花瓣型的吊顶，显得雍容华贵。

图5-24中设计的是自助餐厅，以圆为设计元素，加上地砖的铺设方式，显得较呼应。

图5-25为公园一角的休闲景观设计，以圆的广场为设计元素，上面的地砖是以发射式的铺设方式体现，远处及近处均有绿化植物，所画人物为景观增添不少气氛。

图5-26为住宅休闲景观，圆形的围栏将建筑及休闲区进行了区分，主要表现住宅休闲区处的景观。

✦ 图　5-22

✦ 图　5-23

图　5-24

图　5-25

⚘ 图　5-26

课后作业:

参考图 5-27 ～ 图 5-29,左边为局部平面,右边为相对应的透视效果图,对有圆形或者曲线结构的室内空间或者建筑物进行局部透视分析,并将平面与透视图绘制出。

要求:透视准确、结构表现清晰、构图合理、比例准确。

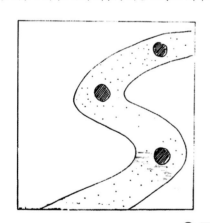

⚘ 图　5-27

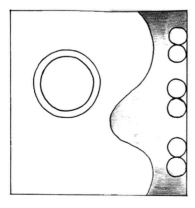

⚘ 图　5-28

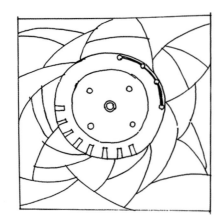 

↑ 图 5-29

第六章
阴影与反影透视

本章要点：

1. 日光阴影透视；

2. 灯光阴影透视；

3. 反影透视。

重点掌握： 日光阴影透视；灯光阴影透视；反影透视。

第一节 阴影透视

在设计图中绘制阴影可以更充分地表现物体的形状和空间的关系,更能表现出物体的立体感与空间感,增强物体的形体效果（图6-1）。

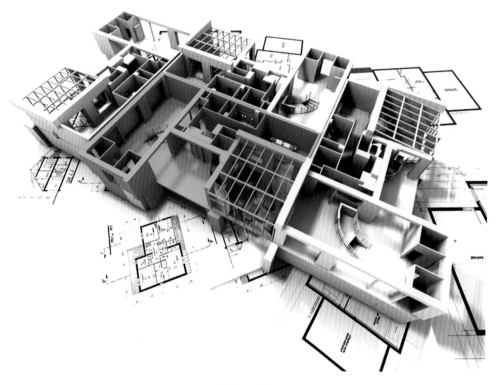

✛ 图 6-1

一、阴影的概念

现实空间里,光线总是沿着直线方向发射出去的。不透光的物体受光线照射时,使物体产生两个面,被光线直接照着的表面称为阳面,照射不到的背光表面称为阴面。阳面与阴面的分界线称为阴线。构成阴线的点称为阴点,落在承影面上各点即为阴点;影的轮廓线称为影线,影所在的平面(如地面、墙面等)称为承影面。物体落在承影面上的影子称为阴影。阴影的形成包括必不可少的三方面条件,即光线、物体和承影面。光点,作为发光体,它的位置高、光线直时,其影子较短;位置低、光线斜时,其影子拉长。发光体所发出的光强时,其物体的影子就清晰分明;光源弱时,物体的投影就模糊(图6-2)。

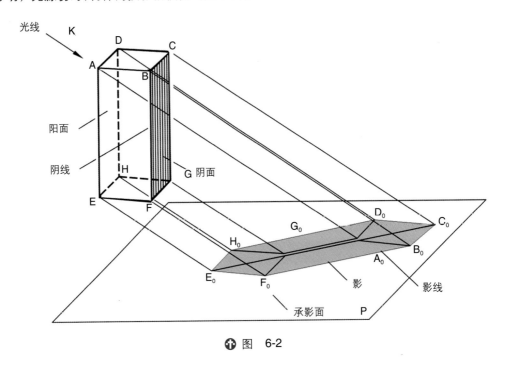

⊕ 图 6-2

在透视图中绘制阴影,会使所绘制的形体和空间关系更加清晰,从而能更加充分地表达设计者的意图。通常所绘阴影主要为日光阴影和灯光阴影。日光源距离远,光线成平行状;灯光源距离有限,光线成辐射状。两种光源产生的阴影和规律各有不同,因此透视作图规律也不相同。

二、日光阴影透视

太阳距离地球的平均距离约15千万公里,是地球半径的2.3万多倍。因此在阴影透视中太阳光源无限遥远,为平行光线。物体在日光的照射下产生的日光阴影,对于日光光线、物体本身及产生的阴影的透视称为日光阴影透视。阴影的形成包括三方面条件,即光线、物体和承影面。图6-2便是长方体在平行光线照射下所产生的阴影。日光阴影的透视规律与倾斜线的透视原理相同。

1. 直线的阴影

直线在承影面上的影一般仍为直线,只有当直线平行于光线时,它的影才是点。若要作直线在某个承影面上的影,可先作出直线两端点的影并连接,即为该直线的影(图6-3)。

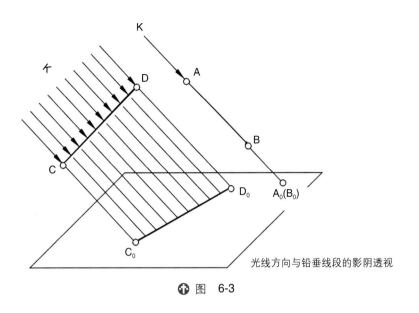

光线方向与铅垂线段的影阴透视

⚘ 图 6-3

2．水平承影面的日光阴影的透视规律

直线段与水平承影面存在三种位置关系：垂直、相交和平行。作物体的阴影透视一般从作承影面垂直线的落影开始。

（1）铅垂线段的日光阴影透视

如图 6-4 所示，立于水平地面上的四边形 ABCD，光线来自观者左前方，铅垂线段 AB、CD 的落影位于线段底端 B、D 两点右后侧，透视方向向视平线的影灭点聚集。来自透视画面左前方的光线为上斜变线，其灭点位于地平线上方，在影灭点的垂线上。

如图 6-5 所示，光线来自观者右后方，铅垂线段 AB、CD 的落影位于线段底端 B、D 两点左前方，透视方向向视平线的影灭点聚集。来自透视画面右后方的光线为下斜变线，其灭点位于地平线下方，在影灭点的垂线上。

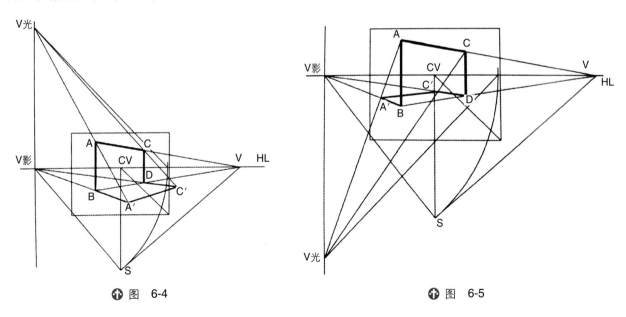

⚘ 图 6-4　　　　　　　　　　⚘ 图 6-5

如图 6-6 所示，光线来自观者正前方。铅垂线段 AB、CD 的落影位于线段底端 B、D 两点正后方，透视方向向地平线的影灭点聚集。此时影灭点恰好在心点位置上。来自透视画面正前方的光线为上斜变线，光灭点位于地平线上方，在心点垂线上。

如图 6-7 所示,光线来自正左侧面光。铅垂线段 AB、CD 的落影位于线段底端 B、D 两点正右侧,为水平原线,没有影灭点。正侧面光线与透视画面平行,没有光灭点。

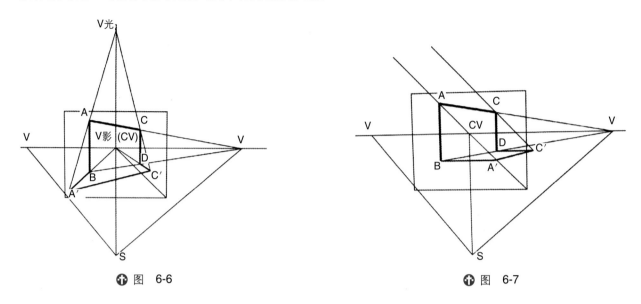

⚘ 图　6-6　　　　　　　　　　　　　　　　⚘ 图　6-7

因此,垂直于水平成影面的铅垂线段,其日光阴影透视作法如下:首先根据画面需要定光灭点与影灭点,再作铅垂线段的落影的透视方向线。与画面平行的侧面光线照射下,落影透视方向线为水平原线;前面光或后面光照射下,落影透视方向向影灭点聚集。然后确定落影的透视长度。落影的透视长度由光线截得,过线段顶端端点的光线与承影面上的落影透视方向线相交,即截得线段落影的透视长度。侧面光情况下,过线段顶端端点按光线倾斜直接画出倾斜原线,与落影透视方向线相交,截得落影透视长度即可。

(2) 倾斜线的日光阴影透视

如图 6-8 所示,已经画出铅垂线段 AB、CD 的落影。要求再画出倾斜线段 AE、CF 的落影。因为点 A、C 的落影 A′、C′ 已经画出,所以只需要自 A′、C′ 分别引线向倾斜线段与承影面的两个交点 E、F,则 A′E、C′F 即为倾斜线段 AE、CF 落影。

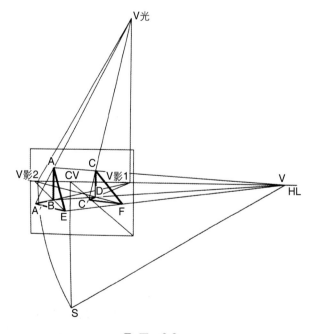

⚘ 图　6-8

因此,承影面倾斜线段的阴影透视作法如下:首先自倾斜线段顶端端点作水平承影面的垂直线,作铅垂线段的落影,求得倾斜线段顶端端点的落影,进而完成其阴影透视。这里,如果将倾斜线段的落影线延长,交地平线于一点,这一点就是此倾斜线段在水平承影面上的影灭点。

（3）承影面平行线的日光阴影透视

与承影面平行的线段,其落影与该线段本身平行。如果此线段为原线,其落影也为原线,两线互相平行,没有灭点;如果此线段为变线,则其落影为与之平行的变线,两线聚向共同的灭点。这样,只要得到线段落影上的一点就可以画出其落影的透视方向线,再由光线截得其落影透视长度即可。在图6-4～图6-8中,AC与水平承影面平行,由于已知A、C两点的落影A′、C′,所以连接A′、C′即可得到承影面平行线AC的落影。

经过以上分析,得出直线段在水平承影面上的日光阴影透视规律如下。

（1）落影的透视方向

与水平面承影面垂直的铅垂线段,在前面光和后面光照射情况下,线段落影方向是双向的,一端向线段与承影面的交点,一端向地平线上的影灭点;在正侧面光情况下,线段落影为原线。

与水平面承影面倾斜相交的线段,在前面光和后面光照射情况下,线段落影方向也是双向的,一端向线段与承影面的交点,一端向影灭点;在侧面光情况下,线段落影为原线,没有灭点。

平行于水平承影面的线段,无论光线来自何方,线段落影都与线段本身保持平行,线段是原线的,其落影也为原线;线段是变线的,其落影与之聚向同一灭点。

（2）落影的透视长度

线段落影的透视长度由假想的日光光线截得。日光光线为原线的,其与透视画面平行,可以根据光线的投射角度直接画出;日光光线为变线的,则向光灭点聚集。光线的投射角度,即光线与承影面的角度关系,决定了线段落影的透视长短,投射角度大,落影相对比较短;投射角度小,落影相对比较长。

3．曲线的日光阴影透视

已知与透视画面平行的直立圆面,求作其落影（图6-9）。

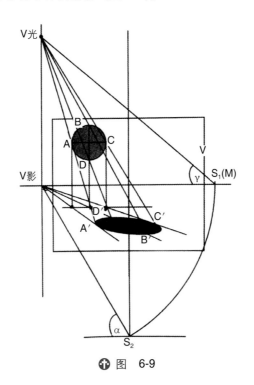

⊕　图　6-9

（1）根据需要确定光灭点与影灭点的位置。

（2）在圆面上作相互垂直成90°的直径，与圆相交为A、B、C、D四个点。

（3）过四个点向水平地面作铅垂线，根据画面要求，找到铅垂线在承影面上的垂足。自垂足引线向影灭点作其反向延长线，为铅垂线段落影的透视方向线。

（4）自光灭点分别引线向铅垂线段顶端端点并延长，与落影透视方向线相交，交点为A′、B′、C′、D′，连接这四个点，便完成直立圆面的落影。

4．阴影在建筑中的应用（图6-10）

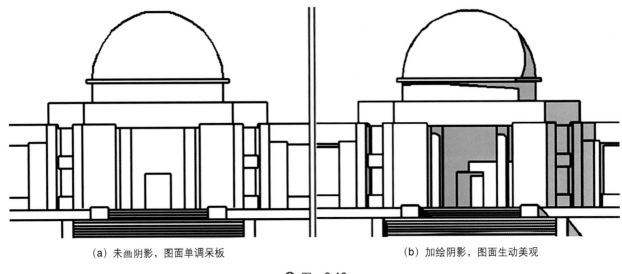

（a）未画阴影，图面单调呆板 　　　　　　　（b）加绘阴影，图面生动美观

❶ 图　6-10

三、灯光阴影透视

物体在灯光照射下产生阴影，阴影透视包括：灯光光线、物体本身及阴影的透视。灯光阴影透视与日光阴影透视比较来说，有以下特征：光源距离较近，一般位于所绘场景内部；且灯光光线为辐射光线，光线向光源点聚集；自光源点向周围辐射。但光源点不是光灭点，一个光源点可以有多个承影面，如在室内中地面、墙面、天花板、桌面等，每个承影面都有自己的光足（从光点引铅垂线与受影面的交点叫做光足）。

1．灯光阴影的基本画法（图6-11）

已知立方体ABCD，光点的位置位于其左上方，绘制出此立方体的阴影。

步骤如下：

（1）至光点分别连接立方体的顶点A、B、C，延长至地面（承影面）。

（2）光足连接影点a、b、c交光点与顶点延长线分别得出A_1、B_1、C_1。

（3）连接点a、A_1、B_1、C_1、c未被遮掩部分，完成立方体落在承影面上的阴影。

2．其基本规律

（1）垂直于受影面的直线的落影向受影面上的光足点集中，如图6-11所示中aA_1、bB_1、cC_1都向受影面上的光足集中。

（2）自光源点与物体的顶点相连接至承影面的落点为影点，与从光足引过该直线底点的直线相交，所得的直线就是该直线落影，从而得出影的长短。如图 6-11 所示中 aA₁、bB₁ 就是 Aa、Bb 的落影。

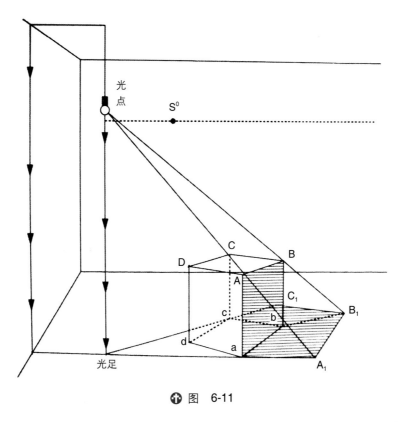

❀ 图　6-11

（3）平行于受影面的直线的落影与该直线的透视方向一致。如图 6-11 所示中的水平变线 AB 和它的落影 A₁B₁ 消失在同一灭点上。

第二节　反　影　透　视

一、反影透视简述

平滑的物体表面，例如镜面、抛光的金属表面、平静的水面等，能使平行的入射光线沿着同一方向反射出去，即反射光线也是平行的。反射光线的反向延长线会聚产生与实际物体大小相等的虚像。这种反射称为镜面反射，镜面反射中的光滑平面称为反射面。镜面反射产生的虚像又称为反影，水面反影又称为倒影。如图 6-12 和图 6-13 所示，我们将这种现象称为平面镜成像。有如下特点：像与物体到镜面的距离相等；像和物体大小相等；像和物体的连线与镜面垂直。总体来说，水面与镜面所产生的虚像与实际景物相比较，大小相等，方向却相反。

二、水中倒影

了解了平面镜成像原理的特点，就可以画出水面倒影的透视图。如图 6-14 所示，一根立在水面上的直立杆，自杆顶 A 出发的光线中，有一条光线射向水面上的某一点 A₁，由点 A₁ 反射而进入位于 S 处的视点。AA₁ 称为入射光线。A₁S 称为反射光线。入射光线和反射光线与反射面法线的夹角，分别叫入射角 i 和反射角 i′。根据光学原理,它们的夹角角度相等。延长反射光线 SA_1 与 S_1A_2,相交于点 A_0,A_0 在过 A 的铅垂线上。从而可以看出物体反射面和反影之间的关系。

水中倒影的画法就是由实物引直线垂直于反射面,与反射面的交点就是实物与倒影的交界点,从交界点延长铅垂线 1 倍,就得到物体的倒影。

如图 6-15 所示,水岸边的建筑倒影方法如上,延长 BC 与 BH 找到灭点 F_1,再延伸 BG 交 F_1 的垂直点与 T,即为天点;以灭点 F_1 为中点,延长 1 倍的距离,找到点 V,便可以绘制出水中倒影建筑的屋顶斜边,水中斜边倒影透视向天点、建筑实体本身屋面斜边的透视向 V 点透视;其余建筑物上的垂直线段以找到交界线为依据,垂直延长一倍的距离找到各点,将其连接便得到建筑物在水中的倒影。

↑ 图 6-12

↑ 图 6-13

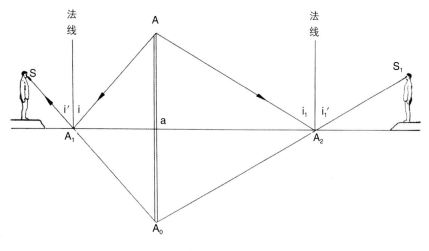

❶ 图　6-14

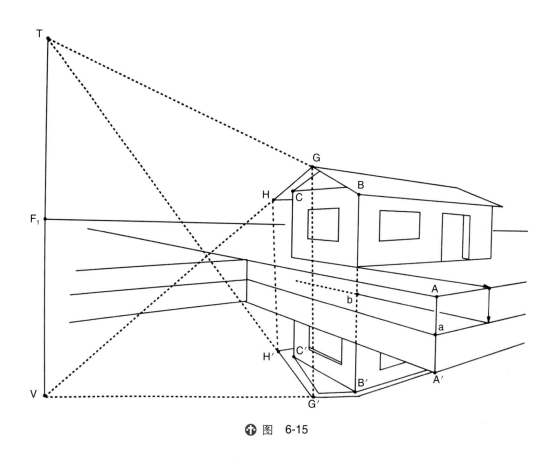

❶ 图　6-15

三、镜面反影

　　直立镜面有垂直画面、平行画面与画面成一定的夹角等几种情况。镜面与画面垂直时，虚像至反射面交界点的距离等于反射面交界点至物体的距离。镜面与画面平行或与画面成夹角时，虚像与反射面交界点的距离由于透视缩短变为小于反射面交界点至实体的距离。图 6-16 和图 6-17 所示是通常我们非常熟悉的镜面成像现象。

⊕ 图 6-16

⊕ 图 6-17

现举一简单事例：求左面墙上矩形的虚像（图6-18）。

步骤如下：

（1）延长 EG 和 eg，分别与墙体线相交于点 G_1、g_1。

（2）找出 G_1、g_1 的中点 O。

（3）点 e、g 分别连接中心点 O，与 EG 的延长线相交于 G_0、E_0。

（4）作点 G_0、E_0 的垂线交 eg 延长线于 g_0、e_0，四边形 $G_0E_0e_0g_0$ 便是四边形 EGge 的镜面虚像。

正六面体求虚像的方法与上述方法相同。

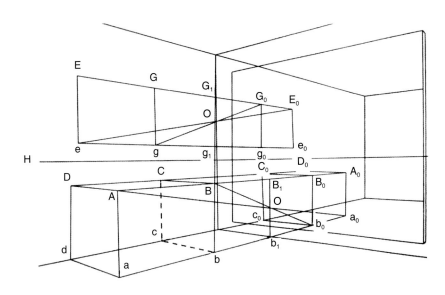

图 6-18

课后作业：

1. 绘制同一物体在日光和灯光下的投影透视图。

2. 绘制一建筑在水中的反影透视。

3. 绘制镜面反影效果图一张。

要求：步骤正确、构图合理、透视正确，绘制于 A3 图纸上。

参 考 文 献

[1] 莫均.设计透视学 [M].上海：东方出版中心，2009.

[2] 程子东,李婧.环境艺术设计透视学 [M].长沙：中南大学出版社，2009.

[3] 刘国余,赵颖,徐娟芳.设计透视 [M].北京：中国电力出版社，2009.

[4] 刘冠,赵健磊.设计透视与快速表现 [M].北京：水利水电出版社，2010.

[5] 胡虹.室内设计制图与透视表现教程 [M].重庆：西南师范大学出版社，2013.

[6] 胡亚强.透视学 [M].上海：上海人民美术出版社，2013.

[7] 李鹏,王宏火,王一修.透视学 [M].北京：中国青年出版社，2013.

[8] 缪鹏.透视学（美术技法理论）[M].广州：岭南美术出版社，2004.

[9] 郭明珠.绘画透视学基础 [M].北京：中国建筑工业出版社，2009.

[10] [美]菲尔·梅茨格（Phil Metzger）.美国绘画透视完全教程 [M].孙惠卿,译.上海：上海人民美术出版社，2013.

[11] 盛建平.设计透视应用画法 [M].北京：机械工业出版社，2009.

[12] 吴猛,赵正明.透视学 [M].长沙：湖南美术出版社，2010.

[13] 白璎.艺术与设计透视学 [M].上海：上海人民美术出版社，2006.

[14] 白璎.艺术与设计透视学（第2版）[M].上海：上海人民美术出版社，2011.

[15] 黄红武,王子茹.现代阴影透视学 [M].北京：高等教育出版社，2004.

[16] 赵复雄.绘画设计透视学 [M].武汉：湖北美术出版社，2005.

[17] 刘传宝.简明透视学 [M].北京：人民美术出版社，2008.

[18] 盛建平.设计透视应用画法习题集 [M].北京：机械工业出版社，2009.

[19] 张旗,张宇彤,侯志江等.设计透视基础 [M].天津：天津大学出版社，2010.

[20] 周良德,傅燕翔,周照湘.透视与阴影 [M].湘潭：湘潭大学出版社，2012.

[21] 王冰迪,王树林.设计透视 [M].哈尔滨：哈尔滨工程大学出版社，2006.

[22] 张葳,汤留泉.环境艺术设计制图与透视 [M].北京：中国轻工业出版社，2013.